唐志如　主编

现代种养循环农业
实用技术

XIANDAI ZHONGYANG XUNHUAN NONGYE
SHIYONG JISHU

U0288501

化学工业出版社
·北京·

图书在版编目（CIP）数据

现代种养循环农业实用技术 / 唐志如主编. —北京：
化学工业出版社，2023.8
　　ISBN 978-7-122-43607-8

　　Ⅰ．①现…　Ⅱ．①唐…　Ⅲ．①生态农业—农业技术
Ⅳ．①S-0

中国国家版本馆 CIP 数据核字（2023）第 102252 号

责任编辑：邵桂林
责任校对：李雨晴　　　　　　　装帧设计：韩　飞

出版发行：化学工业出版社
　　　　　（北京市东城区青年湖南街 13 号 邮政编码 100011）
印　　刷：北京云浩印刷有限责任公司
装　　订：三河市振勇印装有限公司
850mm×1168mm　1/32　印张 7¼　字数 140 千字
2023 年 9 月北京第 1 版第 1 次印刷

购书咨询：010-64518888　　　售后服务：010-64518899
网　　址：http://www.cip.com.cn
凡购买本书，如有缺损质量问题，本社销售中心负责调换。

编写人员

主　编　唐志如（西南大学）

副主编　曾　艳（湖南省微生物研究院）

　　　　　孙志洪（西南大学）

　　　　　郭彦军（青岛农业大学）

　　　　　韩宇峰［融通农业发展（成都）有限责任公司］

　　　　　闫顺丕（安徽喜乐佳生物科技有限公司）

参　编　向素琼（西南大学）

　　　　　宋代军（西南大学）

　　　　　罗　莉（西南大学）

　　　　　吕景智（西南大学）

　　　　　杨震国（西南大学）

　　　　　陈俊材（西南大学）

　　　　　王宇欣［融通农发牧原（崇州）有限责任公司］

　　　　　王睿卓［融通农发牧原（崇州）有限责任公司］

　　　　　李　华（安徽喜乐佳生物科技有限公司）

　　　　　许代香（西南大学）

　　　　　姚露花（海南热带海洋学院）

前　言

随着农业的快速发展，养殖业与种植业出现分离现象，这样会导致物质无法在生态中进行循环，产生一系列环境污染和物质浪费问题，发展循环农业能避免这些情况的出现。循环农业是运用物质循环再生原理和物质多层次利用技术，实现较少废弃物的生产和提高资源利用效率的农业生产方式，以此实现节能减排与增收的目的，促进现代农业和农村的可持续发展。但目前农业和农村的从业人员对于循环农业中相关养殖业与种植业实用技术还不是很了解，给循环农业的发展带来了不利的影响。

为此，以科普为目的，来自作物、牧草和果树种植与畜禽水产养殖相关的专家和企业从业人员历经一年的策划、起草、讨论、修改和完善，共同编写了《现代种养循环农业实用技术》。本书共包含绪论及十章三十四节内容，前三章内容主要涉及经济作物、牧草和果树的种植技术，第四至第九章涉及猪、牛、山羊、家兔、鸡和淡水鱼的科学养殖技术，第十章为现代种养循环农业生产模式。本书理论与技术紧密结合，启迪与思考巩固书中知识点，调查与实践引导读者主动探索发展家乡特色农业生产模式。

本书的绪论由唐志如编写，第一、二章由郭彦军、许代香和姚露花编写，第三章由向素琼编写，第四章由杨震国和李华编写，第五章由孙志洪和王睿卓编写、第六章由陈俊材和韩宇峰编写，第七章由吕景智编写，第八章由宋代军和王宇欣编写，第九章由罗莉编写，第十章由唐志如和曾艳编写，全书由主编唐志如审稿。在编写过程中，各位编写人付出了辛勤的劳动，在此表示衷心的感谢！

本书受国家科学技术部重点研发计划"畜禽新品种培育与现代牧场科技创新"专项——2022年度"畜禽低蛋白低豆粕多元化日粮配制与节粮技术"项目"日粮碳氮适配调节畜禽氮高效利用与沉积的机制"课题（2022YFD1300501-3）、湖南省微生物研究院、融通农业发展（成都）有限责任公司、融通农发牧原（崇州）有限责任公司、安徽喜乐佳生物科技有限公司的资助。衷心感谢以上单位和项目组的资助。

本书涉及作物、牧草和果树种植技术、畜禽水产的品种、畜禽水产养殖技术和种养循环农业生产模式，适合农业、农村、企业和管理部门相关从业人员阅读。读者通过对本书的学习，可更加熟悉现代经济作物、果树和牧草的种植技术和现代畜禽水产养殖技术，不断增强对现代种养循环农业实用技术的认识和丰富各种农业生产技术与技能。

由于时间仓促，加之水平所限，书中定会存在不足或不妥之处，敬请读者指正并提出宝贵意见和建议，以便再版时修订和完善。

目　录

第四章　现代科学养猪技术　　71

一、循环农业的概念

农业是人们基本生活资料的主要来源，是人们生存的重要保障。社会稳定和国家发展必须以农业为基础。循环农业是指运用物质循环再生原理和物质多层次利用技术，实现较少废弃物的生产和资源利用效率的农业方式，以此实现节能减排与增收的目的，促进现代农业和农村的可持续发展。

二、种养循环农业的发展历程

自古以来我国就十分重视农业的循环利用，先民们对于自然界和农业本身的物质循环有一定的理解。例如，利用秸秆、糠麸等农副产品喂牲畜，利用牲畜的粪肥和动力为农业服务，形成了比较合理的利用作物和牲畜之间互相利用产品、互相促进的关系。这些做法符合自然界物质循环和能量转化的规律，属于古代的循环农业。

随着农业现代化发展，农业生产规模化和机械化以及化肥和农药的大量使用，虽然极大地促进了农业生产力的发展，但是对农业环境造成了严重污染，对农业资源造成了极大破坏。这引起了人们对现代农业的反省，专家学者们尝试找到一条污染少、无浪费和高效益的可持续发展农业之路，于是现代种养循环农业思想应运而生。

中国的循环农业经济起步较晚，但是我国从自身国情出发，在发展种养循环农业经济的道路上做了非常多的探索，其发展经历了由理论到实践的曲折历程，大体可分为三个阶段。

第一阶段（1980—1990 年），国内学者对国外的循环农业进行了大量的研究与考证，在汲取了原始农业、传统农业以及石油农业的长处之后，提出了循环农业既要保证农业的经济增长与结构优化，又要实现农业资源的可持续性，同时农业的发展要对环境友好，最后实现农民增收、农业发展、农村稳定。

第二阶段（1990—2000 年），农业专家学者开展了针对循环农业的技术探索，初步形成了具有中国特色的循环农业理论与技术体系，同时通过多种方式宣传建立循环农业的重大价值，增强了民众和各级官员的生态意识，为循环农业的推广打下了良好的基础。

第三阶段（2000 年至今），这一阶段又可分为两个部分。2000—2009 年，随着《中国 21 世纪议程》发布，中国开始广泛关注可持续发展问题，按照自然资源分布、农业自然生态类型划分生态类型区域，全面开展生态农业试点建设。2009 年至今，随着《中华人民共和国循环经济促进法》的颁布，使得发展循环农业经济有了法律依据，随后国务院等相关部门颁布了一系列法规促进循环农业经济的发展，标志着循环农业在中国得到了推广。

三、循环农业的特点

循环农业可以实现"低开采、高利用、低排放、再利用",最大限度地利用进入生产和消费系统的物质和能量,提高经济运行的质量和效益,达到经济发展与资源、环境保护相协调,并符合可持续发展战略的目标。循环农业具备以下特点:①食物链中的各主体互补互动、共生共利性更强;②强调绿色生产,即更强调产品的安全性;③实现清洁消费,即农产品在"吃干榨净"后回归大地;④注重土水净化,即土壤、耕地和水资源的保护至关重要,对耕地的占补平衡和水资源的可持续利用要予以特别关注;⑤领域宽广,包括农业内部生产方式循环、对农产品加工后废弃物的再利用;⑥双赢皆欢,即清洁增收有机结合,既干净,又增收。

四、循环农业模式

循环农业就是将养殖、种植、沼气等相结合,种养结合,农牧循环,实现资源的合理配置、循环利用,使养殖业和种植业协调发展。利用沼气池对猪的粪便进行发酵,将沼液沼渣用于蔬菜、粮食、果树等种植,实现可持续发展。可以采用猪禽牛羊兔—沼—作物模式、猪禽牛羊—林模式、猪禽牛羊兔—沼—鱼模式、猪禽牛羊兔—沼—草模式、猪禽牛羊兔—沼—菜模式、猪禽牛羊兔—沼—茶模式、猪禽牛羊兔—沼—果模式等。以沼气为纽带将畜牧业与农业、渔业等相结合,形成高效的生态循环经济,充分利用资源,实现农业的可持续发展。

五、本书的主要内容

本书内容以环境保护为理念，倡导绿色种养循环农业生产模式。第一章~第三章内容主要涉及经济作物、牧草和果树的种植技术，第四章~第九章涉及猪、牛、山羊、家兔、鸡和淡水鱼科学养殖技术，第十章为现代种养循环农业生产模式。通过对本书的学习，使读者更加熟悉现代经济作物、果树和牧草的种植技术和现代畜禽水产养殖技术，结合调查家乡的特色种植和养殖状况，不断增强对现代种养循环农业实用技术的认识和丰富其各种农业生产技术和技能。

第一章

现代经济作物种植技术

第一节 油菜种植技术

油菜是四大油料作物之一，菜籽含油量约占种子干重的35%～45%。菜籽油是良好的食用油，富含脂肪酸和多种维生素。目前通过低芥酸、低硫苷的"双低"油菜品种的选育，菜籽油的营养价值进一步得到提高。榨油后的饼粕蛋白含量高达36%～38%，可用于制作优质精饲料。此外，菜籽油在冶金、化工、纺织、制革、油漆、医药行业也有广泛的应用。油菜在轮作复种中起着重要的作用，其中早熟春油菜是高纬度高海拔地区不可替代的油料作物。因油菜花期长、花部具有蜜腺、花色丰富，还可作为蜜腺作物和观赏作物。

一、油菜类型及生育时期

1. 按物种划分

（1）白菜型油菜　在我国一般俗称小油菜，分为北方小油菜和南方油白菜两个种。北方小油菜起源于我国黄河流域、印度和欧洲，在我国种植区主要分布于北方和青藏高原。南方油白菜起源于我国长江流域，主要分布于我国南方，作冬油菜进行栽培。

（2）芥菜型油菜　在我国一般俗称大油菜、高油菜、苦油菜、本地油菜等，是芥菜的油用变种，起源于我国西部、印度和中亚。芥菜型油菜在我国栽培历史悠久，主要分布于西南、西北各省区，分为大叶芥油菜和细叶芥油菜两个变种。

（3）甘蓝型油菜　在我国俗称日本油菜、欧洲油菜、洋油菜等，是甘蓝的油用变种，起源于欧洲，在我国南北各地均有大面积种植。

（4）其他类型油菜　除上述三大类型油菜外，我国还有其他芸薹属油用作物，如芜菁和黑芥；十字花科其他属油料作物，如油用萝卜、白芥和芝麻菜等。

2. 按产区划分

（1）冬油菜　主要在华南沿海、云贵高原、四川盆地、长江中游、长江下游、关中和华北区域种植，每年10～11月种植，4～5月收获。冬油菜种植面积占全国油菜种植面积的90%。

（2）春油菜　主要在青藏高原亚区（青海）、蒙新内陆亚区（内蒙古）、东北平原亚区（辽宁）种植，每年4～5月种植、8～9月收获。

3. 油菜生育时期

油菜的整个生育时期可以分为发芽出苗期、苗期、蕾薹期、开花期和角果发育期，不同时期的生长发育特点均有差异。

（1）**发芽出苗期**　油菜种子无明显休眠期，成熟的种子播种后条件适宜即可发芽。油菜种子吸水膨大后，胚根先突破种皮，幼根深入表土 2cm 左右时，根尖生长出许多白色根毛。胚根向上伸长，幼茎直立于地面，两片子叶张开，由淡黄转绿，称为出苗。

（2）**苗期（出苗至现）**　甘蓝型中熟品种苗期约为 120 天，约占全生育期的一半，生育期长的品种此期更长。一般从出苗至开始花芽分化为苗前期，花芽开始分化至现蕾为苗后期，也有按冬至节气划分为苗前期和苗后期的。苗前期主要是根系、缩茎叶片等营养器官生长的时期，为营养生长期。苗后期营养生长仍占绝对优势，主根膨大，并进行花芽分化。

（3）**蕾薹期（现蕾至初花）**　甘蓝型中熟品种蕾薹期 30 天左右，是油菜一生中生长最快的时期。油菜在现蕾后主茎节间伸长，称为抽薹。当主茎高达 10cm 时进入抽薹期。

此期营养生长和生殖生长并进，但仍以营养生长为主，表现在主茎伸长、增粗，叶片面积迅速增大，一次分枝出现，根系继续扩大，活力增加。生殖生长则由弱转强，花蕾发育长大，花芽数迅速增加，至始花达最大值。蕾薹期是搭好丰产架子的关键时期，要求达到春发、稳长、枝多、薹壮。

（4）**开花期（始花至终花）**　一般 25～30 天。当全田有 25% 以上植株主茎花序开始开花为始花期，全田有 75% 的花序完全谢花为终花期。开花期主茎叶片长齐，叶片数达最多，叶面积达最大。至盛花期根、茎、叶生长则基本停止，生殖生长转入主导地位并逐渐占绝对优势。表现在花序不断伸长，边开花边结角果，因而此期为决定角果数和每果粒数的重要时期。开花期为油菜对土壤水分反应敏感的"临界期"，缺水会影响开花或花器脱落。

（5）角果发育期（终花至成熟） 一般 30 天左右，此期叶片逐渐衰亡，光合器官逐渐被角果取代，提供种子 40% 的干物质。这一时期包括角果种子的体积增大、幼胚的发育、油分及其他营养物质的积累过程，是决定粒数、粒重的时期。昼夜温差大和日照充足有利于提高产量和含油量。

二、油菜栽培技术

1. 培育壮苗

春油菜生育期一般为 80～130 天，冬油菜一般为 160～280 天。油菜生育期分为苗期、蕾薹期、开花期和角果发育成熟期。为保证培育出健壮的油菜幼苗，应选用向阳、管理方便、土壤疏松肥沃的苗床；精细整地，施足底肥；适时播种；精选种子，稀播匀播。加强肥水管理，及时防治病虫。还可应用适量生长调节剂有效地调节油菜幼苗的生长发育。

2. 整地移栽

高产油菜要求土层疏松深厚、细碎平整、通气良好、肥力较高、湿度适宜和 pH 值偏中性微酸的土壤环境，较好地调节水、土、气、热之间的关系，加速土壤养分的转化释放，确保高产。冬油菜一般应在前茬作物收获后及时翻耕整平，春油菜不仅需要进行秋季耕翻蓄墒，还需进行冬季碾地保墒和春季浅翻。适时移栽，能够保证移栽质量。在培育壮苗的基础上，必须抓紧季节适时早栽，合理密植。为了减少根系损伤，取苗前一天可用水浇湿苗床，做到边取苗边移栽同时边施定根肥。

3. 田间管理

（1）**施肥** 施足底肥，增施种肥，早施苗肥，重施薹肥，适施花肥，根外追肥。冬油菜早施苗肥是"冬壮春发稳长"的重要措施，兼有提高苗期抗寒能力的作用。高寒春油菜区春季气温低，肥料分解迟缓，应重视种肥的施用，苗肥应在花芽分化前施用。

（2）**灌水** 我国冬油菜区冬春两季降水量少，油菜能否安全越冬和增产的关键在于土壤水分。因此在培育壮苗的基础上必须进行越冬前的灌溉，返青期和蕾薹期春灌。当地日平均气温下降到0～4℃时冬灌最适宜。春油菜区灌水经验为"头水晚，二水赶，三水满"。头水晚灌以不影响花芽分化需水为准。二水要赶上现蕾抽薹需水期。三水要满足开花需水。

4. 病虫害防治

油菜的病虫害种类较多，病害主要以菌核病、病毒病、白锈病、霜霉病发生较为常见，虫害以蚜虫、菜青虫、跳甲较为常见。主要防治途径如下：①合理轮作、适时换茬。合理轮作换茬对防治土壤传播的病虫害十分有效，对菌核病的防治效果最好，病毒病和霜霉病也有一定的防治效果。油菜不宜与其他十字花科蔬菜连作，会加重病虫害。②选育和推广抗性品种。选用抗性品种是防治病虫害最经济有效的途径。③改进栽培技术，增强植株抗病虫能力。深耕土可以将菌核病和越冬跳甲等深埋土中。芸薹期菌核萌发前进行中耕培土，可埋杀菌核和叶蝇蛹等。适时播种和移栽，避开或减轻病虫为害。合理密植与施肥，亦可减轻病虫为害。④适时喷洒药剂。

5. 油菜的收获

油菜是总状无限花序，角果成熟时间不一致；为避免过早或过迟收获，收获时间应适宜；主要以获得最高产油量为准则，大约在油菜终花 25～30 天完成收获。收割后的油菜可就地晾晒脱粒，也可及时堆垛后熟（注意堆内温度的控制）然后再翻晒脱粒。脱粒后的菜籽含水量较高，避免发热霉变，需晒至含水量低于 9％时方能装袋或入库保存。

想一想

我国油菜产区划分的依据是什么？你所在地区属于哪个油菜产区？

做一做

调查当地油菜品种种植情况。

第二节 水稻种植技术

　　水稻是世界上最主要的粮食作物，我国是世界上最大的水稻生产国，1/4 的耕地用于水稻种植，超过 60％的人口以稻米为主食。稻米营养价值高，一般含有碳水化合物 75％～79％、蛋白质 6.5％～9％（少量品种为 12％～15％）、脂肪 0.2％～2％、粗纤维 0.2％～1％、灰分 0.4％～1.5％。与其他粮食作物比较，其有粗纤维较少、淀粉粒小、粉质细等优点。稻米蛋白质含量虽低，但其各种营养成分的可消化率和吸收率较高，生物价值（即吸收蛋白质构成人体蛋白质的数量）可与大豆媲美。水稻经济产量约占生物产量的 50％，比其它粮食作物高，稻谷加工后的米糠、谷壳以及稻草，还可用于工业生产。水稻抗逆性强、适应性广，栽培范围遍及全国各地。在生长季较长、灌溉水源较好的条件下，均可栽培水稻，例如目前耐盐碱水稻品种已育成。因此，充分利用我国有利条件，大力育成高产优质水稻品种，对促进我国国民经济的发展意义重大。

一、水稻类型及生育时期

1. 水稻类型划分

　　丁颖根据各类稻种起源、演变、生态特性和栽培发展过程，将我国栽培稻种进行了系统分类。

（1）**籼亚种和粳亚种** 籼稻和粳稻的祖先虽然都是普通野生稻，但两者的亲缘关系相距较远，在植物学分类上已成为相对独立的两个亚种。粳稻喜气候温和、光照较弱、雨湿较少的环境，主要分布于秦岭、淮河以北纬度较高的稻区和云贵高原海拔 1400m 以上的高山；籼稻则喜高温、强光、雨湿多的环境，主要分布于南方各省的平原低地。

（2）**晚稻和早稻** 晚稻和早稻的亲缘关系较密切，两者杂交的结实率比较高。它们的主要区别在于栽培季节的气候环境不同，形成了对栽培季节的适应性不同。晚稻生育季节气温由高到低，日长由长到短，光照由强到弱，雨水由多到少；早稻生育季节的气候环境相反。

（3）**水稻和陆稻** 它们的主要区别在于两者耐旱性的不同。二者在形态解剖和生理生态上的一些差别，都是两者的耐旱性不同的表现。水稻的根、茎、叶有发达的通气组织，可以把大气中的氧气和叶片光合作用产生的氧气输送到根部。由于栽培水稻与野生稻的特性相近，并且我国古籍记载，水稻栽培在先，陆稻栽培在后，因此，可认为水稻是基本型，陆稻是变异型。

（4）**黏稻和糯稻** 上述各稻种类型中都有黏稻和糯稻，它们在形态特征和生理特性方面都没有明显的差异。两者的主要区别只是米粒的淀粉结构不同，黏稻除含有 70%～80% 的支链淀粉外，还含有 20%～30% 的直链淀粉，而糯稻则几乎全部为支链淀粉。

2. **水稻生育时期**

水稻自子房受精结束便进入新的世代，但在栽培上通常将种子萌发到新种子成熟的全生长发育过程，称为水稻的一生，具体可划分为营养生长期和生殖生长期两个阶段。其中发芽、分蘖、根、茎、叶的生长称为营养生长；幼穗分化、形成和开花、灌浆、结实，称为生殖生长。

（1）**营养生长期** 包括幼苗期和分蘖期。从种子萌动开始至三叶期，称幼苗期；从第四叶开始发生分蘖直到拔节分蘖停止，称为分蘖期。稀播秧苗可在秧田发生分蘖，密播除个别秧苗外，一般在秧田不发生分蘖。秧苗移栽后到秧苗恢复生长时，称为返青期；返青后分蘖不断发生，至能抽穗结实的分蘖发生停止时称有效分蘖期，此后所发生的分蘖一般不能成穗，故从有效分蘖停止至拔节分蘖停止时称无效分期。在生产上要求在无效分期中所发生的分蘖数越少越好。营养生长期中，表现叶片增多、分蘖增加、根系增长，它为生殖生长积累了必需的营养物质。

（2）**生殖生长期** 包括稻穗分化形成的长穗期和开花灌浆结实的结实期。长穗期是从幼穗分化开始至出穗期止，此期经历的时间一般较为稳定，为30d左右。在长穗期间，实际上营养生长如茎节间伸长、上位叶生长和根系发生仍在进行，因而可以说长穗期是营养生长和生殖生长并进期。幼穗分化与拔节的衔接关系因早、中、晚稻而异。早稻一般幼穗分化在拔节之前，称重叠生育型；中稻一般幼穗分化与拔节同时进行，称衔接生育型；晚稻一般幼穗分化在拔节之后，称分离生育型。结实期又可分为开花期、乳熟期、蜡熟期和完熟期。结实期所经历的时间，因当时的气温和品种特性而异。

二、水稻栽培技术

1. 培育壮秧

催芽前准备分以下四个过程：①晒种。为增强种皮的通透性，促进酶的活性进而提高种子的发芽势，需进行晒种。晒种过程中要做到摊薄、勤翻，并注意防止破壳断粒。②选种。为了去掉杂质和瘪粒，使种子出苗整齐粗壮，需对种子进行精选。通常先通过风选的方式进行粗选，然后使用溶液选的方式进行进一步筛选。③浸种。为使种谷吸足萌发所需要的水分，需对种谷提前进行浸种。不同类型的种谷浸种时间各不相同，一般早稻 3～4d，中稻 3d 左右，晚稻 2d 左右。④消毒。为杀灭种子所携带的病菌，需提前对种谷进行消毒处理。一般可结合浸种进行。

早、中稻播种时气温低，为缩短播种至出苗的时间，减少不良气候的影响和雀鸟的危害，提高成秧率，播前都要催芽。催芽过程可分为 4 个阶段：①高温露白。指开始催芽至 80% 以上种谷的种胚突破谷壳露出白色这一阶段，一般历时 15～18h。此阶段不宜淋水，避免无氧呼吸过盛而导致谷壳起涎。②适温催根。此阶段因种谷呼吸强度大，放出的热量多，故应采用翻堆、淋水等措施将谷堆温度控制在 30～35℃，促进齐根，防止"高温烧芽"。③保湿催芽。齐根后，应降低谷堆厚度和淋 20℃左右的水使谷堆温度保持在 25℃左右，促进幼芽生长。④摊凉炼芽。当根、芽长度接近发芽标准时，为增强芽谷播后对低温的适应能力，应将芽谷在室内摊薄炼芽半天以上再播种。

2. 播种

水稻播种分为以下四种：①湿润播种。整好秧田后，把水排去，在田面不干不烂的情况下，均匀播下。湿润播种的优点在对播下的种子盖灰，进行湿润管理。②清水播种。将秧田整好后，等田面浑水澄清，然后播种。③浑水播种。在砂性土壤上由于谷粒入土困难，因之在耙后泥浆还未下沉时，即行攒种，使泥浆沉下时，覆盖种子，以促进扎根。④旱播。又称水稻旱直播技术，是指在夏收作物灭茬后，将不再催芽的稻种播于大田，然后盖种、上水，待稻种吸足水分后，排水出苗。

3. 整田插秧

（1）稻田耕整　稻田耕整分为以下四种类型：①绿肥田。耕整原则是既要适时又要适量。适时是指翻耕的时间要适当；适量是指绿肥的翻压量要适当。绿肥翻压量过少，肥数不足；翻压量过大，虽然离插秧的时间适宜，也不能充分腐烂，同样会因有害物质过多而导致僵苗。绿肥田翻耕后，应晒 2～3d，然后灌水耙田，将绿肥埋入泥中，再泡 7～10d，再耕耙平田插秧。②冬闲田。冬闲田有冬干田和冬水田两种。冬干田应在前作物收获后及早翻耕晒垡。冬水田中的"烂泥田"（特别是低湖田），由于土壤的团聚性差，土层深厚，应少犁少耙，以免造成插后先浮后坐而僵苗。③夏收作物田。由于收、插季节紧迫，应按夏收作物（麦类、豆类、油菜）成熟先后，抢收、抢耕、抢插。但对土壤黏重的稻田，在不影响及时插秧的前提下，应争取第一次耕后短期晒垡再两犁两耙，以利秧苗早发。

（2）**插秧** 水稻插秧是栽培过程中重要环节之一，因此对插秧质量的要求非常严格，必须遵循浅、匀、直、稳、浅的插秧原则，才能使株行距整齐，每蔸苗数一致，每一棵秧苗得到通风透光的条件，从而扎根早、返青快、生长整齐，有利于合理群体结构的形成而获得高产。要达到这一目的，在插秧时，必须避免"翻根秧""烟斗秧""搴头秧""高低秧""断头秧""浮秧"以及夹心插等。插秧最好采用"两指插"，就是用指夹着秧苗直插法。这种方法的优点是插得正、插得浅，灌水以后浮秧很少。

4. 田间管理

（1）**施肥** "前促"施肥法是将全部肥料施在水稻生长前期，这种施肥法主要是为了促进分蘖早生快发确保增蘖多穗，以多穗获高产。前促、中控、后补施肥法以80%左右的肥料用于水稻生长前期在施足基肥的基础上，中期增加追肥的用量攻大穗，后期看苗补施粒肥。这种施肥法在生产中应用比较普遍，一般栽培生育期较长的中稻采用较多。"稀、控、重"施肥法适用于大穗型杂交稻栽培。"稀"主要体现在两方面，即稀播壮秧和进行宽行双株移栽。"控"，即控制基肥用量。"重"即重施穗肥。

（2）**灌水** 在返青期，秧苗移栽时因根系受伤，吸水力弱，容易失去水分平衡。因此插秧后至返青期这段时间保持田间适宜的水层十分重要。在分蘖期，无论是早稻还是中、晚稻，返青至有效分蘖期间，都应浅水勤灌，以保持土壤水分达饱和至薄水层为度，以增加土壤氧气，使土壤昼夜温差大、光照好，有利于分蘖。幼穗发育期是水稻一生中生理需水量最多的时期，特别是减数分裂期（孕穗期对水分不足最为敏感。抽穗扬花期对稻田缺水的敏感度仅次于孕穗期，也应保持田间有水层。灌浆结实期勤灌溉，保持田间湿润，防止断水过早，以延长叶片的功能期，保持稻株较强的光合作用，并使茎叶中贮存的有机物能顺利运到籽粒中去。

（3）**晒田**　晒田又称烤田或搁田，是一项协调水稻与环境、群体与个体、生长与发育诸矛盾的有效措施。晒田不仅可以更新土壤环境改变土壤的理化性质，还可以调节稻株长相，促进根系发育。晒田过程中应掌握好晒田时期和晒田程度。确定晒田时期的原则为"到时晒田"和"够苗晒田"。"到时晒田"是指在分蘖末期至幼穗分化初期晒田。"够苗晒田"是指在单位面积上总苗数达到计划穗数时排水晒田。

5. 病虫害防治

水稻的常见病害有恶苗病、稻瘟病、白叶枯病等。可选用无病种子或播种前用药剂浸种以防治恶苗病；稻瘟病常见的防治方法为喷施稻瘟灵等药剂；选栽抗病品种、防止稻田淹水是防白叶枯病的关键，还可结合叶枯唑等药剂进行防治等。常见的虫害有稻螟虫、稻飞虱、稻苞虫等。稻螟虫的防治重点是2代二化螟和部分地区的2代三化螟，并以水稻处于孕穗到齐穗以前的稻田为重点。亩用5%杀虫双大粒剂1～1.5kg撒施，也可亩用25%杀虫双水剂150～200mL，或25%杀虫双水剂100mL加BT乳剂100mL。稻飞虱可使用扑虱灵可湿性粉剂20～25g，或

25％优乐得可湿性粉剂 20～25g，或 20％叶蝉散乳油 150mL 兑水喷施。每百丛水稻有稻苞虫 10～20 头时施药，亩用 90％晶体敌百虫 75～100g，或 50％杀螟松乳油 100～250mL，或 BT 乳剂 150～200mL 兑水喷施等。

6. 水稻的收获

水稻收获期的决定，主要是以谷粒成熟度为标准。谷粒的成熟进度和成熟时期，虽因地因时因种而有不同，但在一定的地区栽培条件下，某一品种的成熟期往往变化不大，因而根据历年经验，即可大致确定某一品种的收获时期，作好收获准备工作。水稻收获的适期，一般是在蜡熟末期，这时籽实粒大部分（95％以上）变黄色，穗轴基部及其着生的枝梗都变黄色，而上部 1/3 的枝梗则已干枯，茎叶颜色也变成黄色。在生产实践中，如果收获任务大，而劳力、机具不够，或者复种指数高，后作播插季节紧迫，或者为了避免天气灾害和有些倒伏稻田的损失等，均应适当提早收获。

想一想

水稻栽培过程中，如何培育壮苗？插秧过程中有哪些注意事项？

做一做

选择当地常见的水稻品种进行催芽，并观察种谷在催芽过程中的变化。

第三节 玉米种植技术

玉米是高产作物，适应性强，分布广，用途多，增产潜力大，在全世界播种面积和总产量仅次于水稻和小麦，居第三位，发展速度很快。随着畜牧业的发展和综合利用，玉米不仅是粮食作物，又是经济和饲料兼用作物。全世界约有 2/3 玉米供作饲料，有 1/3 供作食品和工业原料，玉米可制成数百种有价值的工业品，即使雄穗和花丝也可供医药行业应用。因此，玉米具有较高的经济价值，在国民经济中占极重要地位。

一、玉米类型及玉米生育时期

1. 玉米类型划分

根据籽粒形状和结构分类，玉米属中只有一个栽培种。按照籽粒形状、胚乳性质与有无稃壳，将玉米分为以下 9 个类型或亚种。我国栽培最多的是马齿型和半马齿型，其次是硬粒型、粉质型、糯质型、甜质型、爆裂型、甜粉型、有稃型等。

（1）马齿型 植株高大，果穗呈圆柱形，籽粒长扁平，粉质淀粉分布于籽粒的顶部及中部，两侧为角质淀粉，成熟时粉质的顶部比角质的两侧干燥得快，因而凹陷成马齿状。籽粒有黄、白等色，不透明，品质较差。马齿型品种产量较高，但需肥水较多，增产潜力大，我国栽培最多。

（2）**半马齿型** 这是硬粒型与马齿型的杂交类型。植株、果穗的大小、形态和籽粒胚乳的性质都介于硬粒型与马齿型之间，籽粒黄、白色。其籽粒顶部凹陷，深度比马齿型浅。

（3）**硬粒型** 果穗多呈圆锥形，籽粒圆形、坚硬饱满、透明而有光泽。籽粒顶部及四周的胚乳皆为角质淀粉，仅中部有少量粉质淀粉，籽粒有黄、白、红、紫等色。

（4）**粉质型** 果穗及籽粒形状与硬粒相似，籽粒无光泽，我国栽培极少。

（5）**甜质型** 植株矮小，分力强，果穗小。籽粒几乎全为角质胚乳，胚较大，成熟时表面皱缩，半透明，含糖量较高。

（6）**糯质型** 果穗较小，籽粒中的胚乳大部分为支链淀粉所组成，表面无光泽，呈蜡状，不透明，水解后形成糊精。

（7）**爆裂型** 叶挺拔，每株结穗较多但果穗与籽粒都较小。籽粒几乎全为角质胚乳所组成，硬而透明，遇高温时有较大的爆裂性。

（8）**甜粉型** 籽粒上部为甜质型角质胚乳，下部为粉质胚乳，世界上罕见，我国无栽培。

（9）**有稃型** 籽粒被较长的稃壳所包住，稃壳顶端有时有芒状物，籽粒坚硬，脱粒极难，可作饲料。

2. 玉米生育时期

从播种到新种子成熟的整个生长发育过程中，玉米植株外部形态和内部组织发生阶段性的变化，由此划分为若干个时期称为生育时期。

（1）**苗期**　出苗期播种后第一片叶出土、苗高 2cm 左右的日期，为出苗期。

（2）**拔节期**　雄性生长锥伸长，节间伸长 2～3cm 时，叶龄指数 30 左右。

（3）**大喇叭口期**　外形是棒三叶（即穗叶及其上、下两片叶）伸出，但果穗上部叶还未全部展开，心叶丛生，形成大喇叭口状。

（4）**抽穗期**　雄穗主轴从顶叶抽出 3～5cm 时，称为抽穗期。

（5）**吐丝期**　雌穗花丝开始露出苞叶 2cm 左右。

（6）**成熟期**　苞叶变黄而松散，籽粒胚下端出现黑色层（表示生理成熟的特征），籽粒脱水变硬为成熟期。

二、玉米栽培技术

1. 培育壮苗

种子处理过程如下：①选种。播种前应对所留种子进行精选，去掉虫蛀霉变、破裂和籽粒小的种子，一般要求发芽率在 90% 以上。②浸种。在土壤水分充足的情况下，可浸种催芽，播种，促早出苗。可用冷水浸 24h，也可用"两开一凉"的温水浸 6～8h。在天气干旱、土壤水分不足的情况下，不宜浸种催芽。

育苗分为以下 3 种方式：①营养钵育苗。用制钵器制成钵后，将钵整齐地摆在苗床上，钵与钵之间用砂填补空隙再播种。春玉米育苗苗床需盖上薄膜保温。②营养块育苗。营养块育苗是在苗床上铺上营养土，然后浇水和成泥状摊平，再划成一定规格的方块，在营养块未干之前播种。③苗床育苗。选土质肥沃、排灌方便、靠近大田的地方作苗床，施入充足的腐熟有机肥和适量的氮、磷、钾肥耕耙平整后开沟作厢。

2. 整地移栽

（1）**整地**　玉米植株高大，根系发达，要实现高产，良好的土壤生长环境必不可少。需对土壤深耕并结合施有机肥，使耕层加厚、土壤疏松，改善土壤水、气、热条件，减轻雨水的径流，提高土壤的保水保肥性能，增加土壤水分的渗透量和通气性，提高抗旱能力，以利于玉米根系的发展和地上部的生长。

（2）**移栽**　移栽苗龄要根据品种类型和生育期以及前作的收获时间而定，一般为 25～35d。苗龄过短，达不到延长生育期的目的，苗龄过长，移栽后难成活，且营养生长不良，难以高产。移栽前大田要整好地、开好沟或挖穴施足肥，移栽前一天应给苗床浇足水，便于起苗。移栽应选在晴天的下午或雨前，按苗子的大小和壮弱进行分级，并计划密度进行分田移栽。盖土要根据深沟浅盖的原则，以把苗基部白色部分盖住，并稍加压实为度。栽后浇水定根。

3. 田间管理

（1）**施肥**　每亩总施肥量，应根据产量指标、土壤质地和肥力情况而定。各个时期的施肥量应根据玉米的需肥规律进行合理安排。施肥原则是：基肥足，种肥少，苗肥轻，秆肥巧，穗肥重，粒肥补。基肥应以有机肥为主、化肥为辅，氮、磷、钾肥配合施用，种肥和追肥应以速效性农家肥和化肥为主。基肥用量应根据土壤质地和肥料种类以及产量指标而定；种肥能够弥补基肥的不足，同时对壮苗的效果好；追肥占总施肥量的比重，取决于基肥和种肥所占的比重。玉米各期追肥的比例，应根据土壤肥力、基肥和种肥的施用情况以及禾苗的长势长相、气候条件等灵活掌握。

（2）**灌水** 玉米苗期需水较少，除遇旱需灌水外，一般采取早锄、勤锄、深锄、少浇或不浇水的办法，达到控上促下，促苗矮壮（蹲苗）的目的，为后期秆壮、穗大、抗倒奠定基础。"蹲苗"应遵循"蹲晚不蹲早、蹲黑不蹲黄、蹲肥不蹲瘦、蹲湿不蹲干"的原则。早熟品种发育快、苗期短，一般不蹲苗，晚熟品种生育慢、苗期长，若生长旺，则应蹲苗。对基肥足、土壤水分足、幼苗生长势旺、叶色浓绿的田块，应蹲苗；反之不宜蹲苗，而应加强灌水管理。

4. 病虫害防治

玉米苗期的地下害虫有地老虎、蝼蛄、金针虫、黏虫等。为害最大的是地老虎，三龄前多集中在玉米心叶里为害，三龄后白天钻入土中，夜间出来为害，它咬断幼苗基部。近年来鼠害也十分严重，它扒食播在土中的玉米种子。两者均是大敌，必须认真防治。防治地老虎的方法：玉米出苗后若有被地老虎幼虫为害的小孔时，用90%敌百虫 800～1000 倍溶液或 50％地亚农 1000 倍液喷雾；防治三龄以后的幼虫用 50％敌敌畏或 50％的辛硫磷 1600～2000 倍溶液灌穴，或 1000 倍液喷洒地面。防鼠的方法主要是在田块四周撒上毒饵。玉米穗期的主要病害有大、小斑病等。大、小斑病的防治方法是先摘除植株下部病叶，然后用 50％退菌特 800 倍液或 50％多菌灵 500 倍液喷雾，每隔 7～10 天 1 次，连续 2～3 次。

5. 玉米的收获

收获食用玉米，一般抽雄后 6 个星期左右，苞叶干枯籽粒变硬即为成熟的标志。过早收获，茎叶中尚存有部分养分未转入籽粒，影响产量；收获过迟，易遇雨后发霉。玉米收获后待晾干后再进行脱粒，预留时间进行后熟。饲用青贮玉米宜在乳熟末期至蜡熟期收获。此时收获不仅青饲产量高而且饲用品质好。脱粒后应经干燥后（含水量低于 13％）、粮温不超过 30℃时入库贮藏。

想一想

玉米种植过程中最常见的病虫害有哪些？如何进行防治？

做一做

调查当地玉米种植过程中遇到的虫害及相关防治措施。

第四节 大豆种植技术

大豆与油菜、花生、芝麻、棉花等一样，为我国几大油料作物之一，约占全国油料总面积的 60%，而豆油占全国植物油的 15%。大豆营养极为丰富，不仅是重要的粮食作物、油料作物和食品原料，还是主要的牲畜精制饲料。大豆油是半干性油，处于干性油（如亚麻油和桐油）和非干性油（如花生油）之间，工业上可做油漆、肥皂、隔音板、胶合剂、胶卷、乳化油和防水剂等，医药上可做卵磷脂、维生素等。此外，由于大豆根瘤菌具有固定空气中氮素的特殊性能，所以在作物轮作制中也占有重要地位。它还是我国传统的出口农产品之一，经济价值和食用价值非常大。

一、大豆类型及生育时期

1. 大豆类型

大豆分为野生种和栽培种两类。

（1）**野生种** 在我国各地均有发现，在长江两岸常和芦苇伴生。野生大豆为一年生攀缘性植物，茎高，耐涝性较强。种子含油分 9%～10%、蛋白质 37%～43%，主要特点是油分的碘价高，因此可以作杂交亲本，培育出碘价高、适于油漆用的新品种。

（2）**栽培种** 栽培种经过长期自然选择和人工选择，

形成适于各种生态条件和符合人类需要的品种类型，我国地方品种至少有 15000 种以上。按结荚习性，分为有限结荚习性型、亚有限结荚习性型和无限结荚习性型三种类型。有限结荚习性型品种在开花后不久，主茎和分枝的顶端形成一个花簇，茎停止生长，不易倒伏；无限结荚习性型品种主茎和分枝的顶端不形成花簇，开花后，主茎继续生长；亚有限结荚习性型品种在肥水充足和密植情况下，表现近似无限结荚习性；反之，表现为近似有限结荚习性。

2. 大豆生育时期

大豆从播种到成熟需经历种子萌发与出苗期、幼苗期、分枝期、结荚鼓粒期、成熟期等生育过程。

（1）出苗期 大豆从种子萌发到幼芽出土为出苗期。当温度达 10～12℃时才能正常发芽。种子发芽首先是胚根穿过珠孔入土，接着幼芽突破种皮，带着 2 片子叶露出土表。不同地区品种类型的出苗时间也有显著差异，一般春大豆出苗时间较长，需 8～15d，夏大豆较短，需 4～6d。同一品种种植地区不同，出苗的时间也不相同，北方较长，南方较短。另外如水分、氧气等环境条件对大豆的出苗均有不同程度的影响。

（2）幼苗期 从出苗到分枝的出现称为幼苗期。当子叶出土展开后幼茎继续伸长，形成第一个节间。随着茎的继续伸长，第一片复叶出现进入三叶期，此时，根上有根瘤菌共生。从第一个分枝芽形成到第一朵花出现称为分枝期。

（3）**开花期** 大豆植株从第一朵花出现到顶花形成称为开花期。大豆从花蕾膨大到花朵开放则需 3～4d。大豆开花期干物质积累量大，对养分要求较多，这一阶段如果养分供应良好，则株壮叶茂，节多花盛。如养分供应不足，则营养生长与生殖生长之间的矛盾激化，生殖生长首先受到抑制，最终表现为枝叶稀疏，节少株矮，顶花提前形成，导致减产。

（4）**结荚鼓粒期** 当幼荚形成，且荚长达 2cm 以上的植株占 50% 时为结荚期。当扁平豆荚凸起的植株达50% 时为鼓粒期。进入鼓粒期后，根系开始衰减，吸收能力渐弱，根瘤菌固氮作用也开始衰退，叶面积指数因落叶也逐渐下降，根系活跃部位转向土壤深层，利用早期深层的底肥养分。

（5）**成熟期** 当籽粒归圆、种子完全变硬，最终出现本品种固有的形状和色泽时，即为成熟期。成熟期的温度和湿度能影响成熟的早晚。干旱高温则提早成熟，反之则延迟成熟。因此，后期应注意田间水分管理以利于大豆的成熟。

二、大豆栽培技术

1. 播前整地

大豆种植时要求活土层较深，既要通气良好，又要蓄水保肥，地表平整和土粒细碎。耕作方式有两种：①平播大豆的土壤耕作。无深耕基础的地块，要进行伏翻或秋翻，翻地深度 18～22cm，翻地后应随即耙地。要求在每平方米耕层内直径大于 5cm 的土块不应多于 5 个。有深翻基础的麦茬，要进行伏耙茬；玉米茬要进行秋耙茬，拾净玉米茬子。耙深 12～15cm，要耙平、耙细。春整地时，因春风大易失墒，应尽量做到耙、耢、播种、镇压连续作业。②垄播大豆的土壤耕作。麦茬伏翻后起垄，或搅麦茬起垄，垄向要直。搅麦茬起垄前灭茬，破土深度 12～15cm，然后扶垄、培土。玉米茬春整地时，实行顶浆扣垄并镇压。有深翻基础的原垄玉米茬，早春拾净茬子，耢平达到播种状态。

2. 大豆播种

（1）选种 选用良种是大豆增产的关键因素，在相同的栽培条件下，选用良种一般可增产 10%～20%。近几十年来，我国大豆良种已更新几次，对提高大豆产量起了重要作用。

（2）播种 生产上，大豆播种一般采用单行条播或穴播两种方式。条播一般多用于夏大豆。春大豆、秋大豆一般都用穴播。穴播对于以主茎结荚为主，分枝较少的品种，更为适合；穴播还便于中耕除草，不易伤苗；一般每穴留 2 株，要防止一穴内株数过多。穴播时穴底要平，种粒要分散，覆土不宜过深，以 3～5cm 为宜。

3. 田间管理

（1）施肥 大豆的施肥应考虑到本身的需要量及土壤的肥力基础，掌握好有机肥与无机肥相配合，氮、磷、钾与微量元素相配合，各元素之间施用量相配合的原则，并选择适当的时间、相应的方法和适宜的数量，以便充分发挥肥料作用而夺取高产。大豆的基肥应以农家肥为主，施用量应视基肥的质量、土壤的肥力和前茬作物施肥情况而定。种肥是播种时施用的肥料，多为优质有机肥与速效氮、磷、钾肥，用化学肥料作种肥要注意肥、种隔开，避免化肥接触种子，引起烧种、烧苗现象。大豆的苗期（第一片复叶展开）及花芽分化期，在底肥足、幼苗生长健壮的情况下，一般不施肥或少施肥；盛花期是大豆吸收养分的急速期，应在分枝到开花初期进行一次追肥。

（2）**灌水**　大豆生长期间，田间土壤最适的持水量：苗期为 60%～65%，分枝期 65%～70%，开花结荚期 70%～80%，鼓粒期 70%～75%。如各生育期低于上述标准则表现为干旱，应及时灌溉；高于上述标准或遇水涝应及时排水。具体可根据大豆植株本身体内含水量来判断是否缺水，一般体内含水量达到 69%～75% 为正常，低于 64% 则体内水分平衡就遭到破坏，植株凋萎。因此可根据大豆的生长状态和体内含水量来判定是否缺水而采取灌溉或排水措施。大豆的灌溉原则是：一般苗期不灌；分枝期保持土壤湿润，遇有干旱及时灌水一次；花期一般灌 1～2次；结荚到成熟阶段灌水不宜太多，以免贪青迟熟。一般春大豆以防渍为主，夏大豆的后期与秋大豆以防旱为主。

（3）**病虫害防治**　根腐病为大豆常见病害，为防治大豆根腐病，用 50% 多菌灵拌种，用药量为种子量的0.3%。常见虫害有孢囊线虫等，大豆孢囊线虫为害的地块，播前需将 3% 的呋喃丹条施于播种床内，用药量为每亩 2～6.5kg。要注意先施药后播种。呋喃丹还可兼防地下害虫。

4. 大豆的收获

大豆收获时期因利用目的不同而有所差异。将盛花期的大豆全株翻入土中，其肥效最高；作青饲料用的则在开花至结荚期收获则产量最高，且蛋白质含量也高；作蔬菜用的宜在豆粒饱满时采收最富有营养；以作种子为目的，宜在种子呈该品种固有的色泽，以手摇植株有响声时收获为佳。为防止裂荚落粒和遇雨发霉，收获宜在晴天上午雨水未干时进行。大豆在脱粒前为了不影响种子的品质以豆粒在荚内暴晒为好，脱粒后晒干冷却再进仓贮藏。一般大豆种子含水量要求在 5%～13%以下贮藏比较安全。贮藏种子场地要通风干燥。

想一想

大豆生长发育过程中可以依靠根瘤菌进行固氮，是否还需要施用氮肥？为什么？

做一做

调查当地大豆收获后的主要用途。

第二章

现代牧草种植技术

随着我国节粮型畜牧业结构的调整与发展，以粮换畜逐渐转变成以草换畜，因此对优质粗饲料的需求日渐增加。牧草常指供饲养牲畜食用的草或其他草本植物，是草食动物性价比最高的饲料，对草地型、节粮型生态绿色畜牧业的发展具有重要价值。牧草种植是现代畜牧业发展的一个重要方向，有利于畜牧业的可持续发展以及生态环境的改善。主要的牧草作物包括高粱、苜蓿、黑麦草等。

第一节　甜高粱种植技术

一、甜高粱的特征

甜高粱，禾本科一年生植物，直立、丛生，其秆粗壮，高 2～4m，多汁液，味甜；叶长约 1m，宽约 8cm。甜高粱是饲用高粱的常见品种，可收获全株制作饲草。甜高粱栽培群是目前高粱属的 3 个栽培群之一，分为非光敏型和光敏型甜高粱品种。非光敏型也称传统甜高粱，一般指在北方（北纬 30 度以北地区）可在秋霜前抽穗、籽粒成熟，且茎中汁液糖分最高时可达8％以上的常规品种或杂交品种。光敏型甜高粱，是指一般在北方（北纬30度以北地区）秋霜前不能抽穗或仅抽穗但籽粒不能成熟、长期处于营养生长阶段、临界光周期11.5～13.5h（南半球情况相仿），其茎汁液中糖分最高时可达8％以上的品种类型。

二、甜高粱的饲用价值

甜高粱作为普通高粱的变种，具有生物量高、营养物质丰富、适口性好的优点，也是目前干旱、半干旱和高盐碱地区畜牧业中的优质饲草来源，既可收割作青饲，也可青贮或调制干草。甜高粱与其他作物相比，其水分利用效率较高，且比玉米等作物能更有效地吸收土壤中的氮和其他营养物质。此外，由于与玉米相比，甜高粱在干旱、半干旱、高盐碱地区有更高的生物产量、碳水化合物成分占比及能量，因此，为缓解我国优质粗饲料资源匮乏的问题、畜多草少之间的矛盾，进而充分利用盐碱地和其他滩涂地，节约水资源，可在土壤较为贫瘠的地区积极推广种植甜高粱，替代部分传统饲草饲料。与此同时，我国已培育出了具有多种性状且表现优良的饲用甜高粱品种，如辽甜1号、通甜1号等，缓解了盐碱地区青绿饲料不足的矛盾。

三、甜高粱现代种植技术

1. 播种前种植管理

（1）品种筛选 选择品种时，应特别注意选取适应当地种植的甜高粱品种，避免出现因品种选择不当，影响产量与品质的情况。一般情况下，若选择生育期长的品种在无霜期短的地区种植，则甜高粱不可正常成熟，进而影响产量与品质。选择生育期短的品种在无霜期长的地区种植，则又会造成资源的浪费。

机械化高粱栽培选择品种时一般要求株高在 150cm 左右，叶片收敛，旗叶不护脖，穗茎节一般稍长。此类品种秋季脱水较快，便于机械脱粒，可减少田间损失，其种植密度也比传统种植的高粱品种增加 30%～50%。

（2）**选地**　选择地势平坦、地力水平中等的地块。一般宜选择与豆类、薯类、油料等作物轮作倒茬的地块，不宜选择重茬地块。选地要考虑种植时集中连片，以便于机械化收割。

（3）**整地**　在甜高粱播种前，土壤进行深耕耙糖，深翻深度不能少于 20cm，耙平耙细，使土壤上虚下实，确保土地平整。

（4）**施加底肥**　一般每 667m² 基施二铵 15kg，或每 667m² 基施氮磷钾复合肥 10kg。

（5）**种子预处理**　在开始播种前的 15d 左右，应对种子进行晾晒处理，这样能帮助种子更好地发芽。为了提升出苗率，还可借助拌种、自来水浸泡过夜、种子引发、种子包衣等手段。

机械化高粱栽培对种子的质量要求较高。具体有：①种子籽粒大小均匀，可提高播种质量；②种子纯度 98% 以上，确保高粱生长整齐；③净度 100%，保证播种质量，不易造成缺苗断垄现象；④种子发芽率 85% 以上，避免出现缺苗短空或者断垄现象，从而影响产量。

（6）**适时播种**　通常根据当地的实际情况选择合适的种植时间，一般为每年 6 月，即收获完小麦后种植高粱。

（7）**播种方式**　多利用撒播的方式进行合理的密植。也可采用机械化播种机进行精量单粒播种，株距保持在 40cm 左右。机械化播种出苗后不用间苗，播种时要特别注意深浅一致、覆土均匀，一般播深控制在 3～4cm 之间，亩保苗 1 万～1.2 万株。

2. 田间管理关键技术

（1）**补苗**　甜高粱顶土能力弱，一般播种 1 周后破土发芽，如发芽不良，要及时补充播种。

（2）**间苗**　2～3 叶期间苗，剔除小、病、弱苗，选留壮苗。

（3）**中耕培土**　遇到因雨水过多造成的土地板结，需人工破除，避免幼苗在土壤中死亡或生长不良。此外，株高达 60cm，即将封垄时，应结合中耕培土，增强植株抗倒伏性，最终提高单产。

（4）**除草**　春季播种杂草较多，必须及时清除，可人工与药剂配合使用。如土地喜长杂草，还应早用除草剂预防。另外，在幼苗 2～3 叶期、4～6 叶期均可结合中耕锄草，此时耕深在 8～10cm。

（5）**灌溉**　为保证牧草质量，各生育期应进行适当的灌溉。结合当地生产，灌溉可采用沟灌或滴灌的方式。具体灌溉时间：于播前（6 月中、下旬）灌溉 1 次，确保全苗；苗期以蹲苗为主，一般不进行灌溉；拔节期起，视天气情况和土壤墒情灵活掌握灌水次数及灌水量。如遇严重干旱天气导致植株体内缺水、叶片萎蔫时，应立即灌水。全生育期灌水 3～5 次。

（6）**追肥**　因甜高粱根系生长发达，其生长期间需大量营养。此时可结合滴灌设施，进行随水滴肥。一般在自然出苗后 40d 左右，结合灌水每 $667m^2$ 追施尿素 15～20kg。地面灌溉田块则需开沟追肥。

（7）**病虫害防治**　甜高粱病害主要有黑穗病、叶炭疽病、锈病、散黑穗病等。

黑穗病多发于甜高粱种子露白到幼芽长度为 1～1.5cm 时。防治方法：在无病田或发病较少的田块进行穗选留种；选用抗病品种；发现病株及时砍倒，并在灰包破裂之前将病株砍掉，拉到地外销毁。

叶炭疽病从苗期到抽穗期均可发生。防治方法：清除病株残体，烧毁或深埋；用适宜的杀菌药剂浸种消毒，冲洗后播种；发病初期用杀菌药剂防治；选用抗病品种。

锈病幼苗期即可出现病征，产生夏孢子堆。防治方法：秋末清理田间病株残体，以减少病原菌的传播；适时追施氮肥，生育期注意排水防涝，加强田间管理；发病初期，田间用药剂防治；选用抗病品种。

散黑穗病抽穗后显症，被害植株较健株抽穗晚、较矮、较细、节数减少。该病以种子传染为主。带病种子播种后，病菌与种子同时发芽，侵入寄主组织，最后侵入穗部，形成病穗。防治方法：药剂处理同丝黑穗病，带菌病穗和秕粒等应集中销毁，减少菌源。

甜高粱虫害主要有蚜虫、螟虫、黏虫等。有蚜株率达30%～40%，出现"起油株"，或百株虫量达2万头时，可选用10%吡虫啉可湿性粉剂稀释成1000倍液喷雾防治。在甜高粱拔节至孕穗期，可用20%除虫脲悬浮剂2000倍液喷雾防治螟虫、黏虫。

3. 刈割、收获及贮藏

（1）**刈割** 一般应在甜高粱植株高度达1.2m时及时刈割，保持留茬高度15～20cm，有利于甜高粱的再生。但需注意，每次刈割后都应对其进行适当的浇水处理。甜高粱全生育期可刈割5～6次。根据所制备饲料的不同类型，可选择不同的刈割时间。若晒制青干草则抽穗期为最适刈割期；若调制青贮饲料则乳熟期为最适刈割期，高海拔、高寒地区于早霜来临之前刈割即可。刈割应选择晴天进行，短期内完成晒制或青贮，严防雨淋。另外，当甜高粱植株高度达1m左右时也可放牧利用。放牧时应进行重牧，使其高度在几天内降到15～20cm，有利于植株再生。

（2）**收获** 当高粱籽粒成熟时，应及时确定合适的收获期。一般当高粱籽粒达到完熟，含水量20%左右时收获，最好是下霜后叶片枯死后收获，可避免由于高粱籽粒含水量高而导致裹粒、脱粒不完全或籽粒破损严重。收获过晚，则茎秆脱水易造成倒伏，影响收获质量，因此适时收获非常重要。

另外可借助收获设备，即采用如联合收割机（4LZ-2.5型玉米籽粒收割机、4GL-2.5A型高粱联合收割机、北京-2.5型谷物联合收割机或者其他适合的收割机）

收获。

（3）**贮藏** 收获后要注意籽粒含水量，含水量大于13％时要及时晾晒，当含水量等于或小于13％时清选保存。

想一想

甜高粱的主要用途有哪些？你所在地区是否有高粱种植？

做一做

采集甜高粱茎秆，尝尝是否有甜味，并比较与甘蔗之间的区别。

第二节 黑麦草种植技术

一、黑麦草的栽培特征

黑麦草为禾本科黑麦草属植物，品种较多，秆高30～90cm，其中多年生黑麦草和多花黑麦草具有重要的经济价值，是世界各国普遍引种种植的优良牧草。黑麦草喜温凉、湿润气候，多年生黑麦草适合冬无严寒、夏无酷暑的地区种植，是适合我国南方中高山地区栽培的优良牧草。

多花黑麦草又名意大利黑麦草、一年生黑麦草,为一年生或越年生禾本科牧草。其抗旱和抗寒性较差,不耐热。在我国北方不能越冬或越冬不稳定,夏季炎热则生长不良甚至枯死。此外,黑麦草喜湿润中性土壤,耐湿、耐践踏、耐刈割、耐病虫害,不耐涝、不耐旱、不耐热;最适宜在pH 6~7的土壤种植。因此,宜抢种于12~27℃的春秋季节(秋季播种的好处胜过春季,尤其是能避免春夏杂草多对黑麦草生长的影响),回避35℃以上高温季节。

二、黑麦草的饲用价值

黑麦草作为禾本科牧草,其草质柔嫩,适口性好,为牛、羊、兔、猪、鹅、鸡、鱼所喜爱。多年生黑麦草饲用价值较高,作为放牧的草种,具有分蘖能力强、生长快、再生性好、耐践踏、适口性好、动物喜食等优点,是很好的放牧型草地牧草,也可作为刈割型草地牧草。多花黑麦草在南方地区秋播时,次年春季的鲜草产量占总产草量的85%以上。由于多花黑麦草生长迅速、再生性好、产量高、品质优良、柔嫩多汁、适口性好、动物喜食,在营养生长期干物质中粗蛋白质含量可达18%以上,是冬春季种草养猪非常好的青饲料。

三、黑麦草现代种植技术

1. 播种前种植管理技术

(1)选地 宜选择肥沃、平坦、水源方便的地块,冬闲农田更好。且为应对35℃以上的高温天气,还应选择利于灌溉的土地种植。

（2）**整地** 为了便于黑麦草扎根，种植前要对土地进行翻耕、碎细耙平，保持松软。

（3）**施加底肥** 底肥可选择有机肥或堆积发酵处理的干燥畜禽粪便或适量粪水或非焚烧秸秆取得的草木灰。

（4）**种子预处理** 首先，采取风力＋人工方法去除皮壳和杂质，选取饱满大颗粒种子，保证种子质量；其次，可用 20～40℃温水浸泡种子 10h 以上，提升发芽率；最后，播前将种子日晒 2d，利用日光杀菌消毒（有地下虫地区可用杀虫剂拌种），也可提高发芽率，保证出苗。

（5）**适时播种** 宜播种于 12～27℃春秋季节，一般选择 8～11 月的秋季（以 9～10 月为最佳季节），回避 35℃以上高温季节。如多花黑麦草采用秋播，在 9 月下旬播种。

（6）**播种方式** 在播种过程中，通常利用点播、条播等方式，其中最适的为条播。条播行距 30cm，深度 2cm 左右，每 666.7m² 播种 1.8kg。若选择播种机全田条播，其行距为 40cm，深度为 1.5cm。

（7）**种植方式** 单独种植时，播种量一般为 1.5～2kg/亩。地下湿度宜掌握在 70% 左右，沙土松软稍深播，黏土宜浅播。

可与紫花苜蓿、红三叶、白三叶套种、间种；还可与水稻、玉米轮作。

2. 田间关键管理技术

（1）**补苗** 黑麦草一般播种 1 周后发芽，如若发芽不良，要及时补充播种；如若因寒冷造成的缺苗也要补种。

（2）**中耕松土** 如遇板结土壤，则需人工破土，避免幼苗在土壤中死亡或生长不良。

（3）**除草** 秋季播种杂草少，如春季播种杂草多，影响黑麦草生长，必须及时清除，可人工与药剂配合使用。

（4）**灌溉** 黑麦草喜湿润，需水量大是其主要特点。首先，当地下水量（湿度）低于70%时，要在第一时间进行灌溉。其次，牧草经拔节、抽穗等过程后，或完成刈割作业后，需及时补充水分，做好相应的灌溉工作。此外，夏季灌溉还可降低土壤温度，有效促进牧草的良好生长，为黑麦草安全越夏提供有利条件。

（5）**排水** 黑麦草耐湿但不耐涝，排水不良或地下水位过高均不利于其生长，应注意在田间挖沟排水。

（6）**追肥** 当黑麦草长势较好时，可不忙于首次追肥，可于收割一季（大约40d）后追加肥料1次。若长势差则需在首次刈割前追肥。一般每刈草一次（20d左右）追肥一次。肥料以氮肥为主，钾肥、磷肥配合使用。通过分析与总结实践经验可以发现，氮肥在促进黑麦草生长方面具有较大优势，因此在每次放牧后或刈割麦草后，应及时补充氮肥，保证养分供给充足。

（7）**病害虫害防治** 黑麦草病害主要有赤霉病、锈病、褐斑病；黑麦草虫害主要有地下侵害的蛴螬、地老虎，食叶的蝗虫、蛄虫、金龟子，吸汁的蚜虫、螨虫；发现病虫害时，应及早及时防治，避免虫害、病害等对牧草的生长不利。

综合防治：①选择抗虫害抗病黑麦草品种；②与高丹草、三叶草、苜蓿等不同品种牧草混播；③合理施肥灌水；④提前刈割；⑤焚烧残茬。

药剂防治：防治蛴螬、地老虎，可用乐斯木、地亚农；防治蝗虫、蛄虫、金龟子，可用恶虫威、敌百虫等；防治蚜虫、螨虫，可用蚜螨清、乐果粉；防治赤霉病可用波尔多液、石硫合剂；防治锈病可用代森锰锌、萎锈灵；防治褐斑病可用波尔多液、石硫合剂。

3. 刈割收获

黑麦草具有很强的再生性和刈割性，宜勤于刈割提高产量。同时黑麦草干物质中营养成分含量随刈割时期及生长阶段不同差异较大。随着生长期的延长，粗蛋白质、粗脂肪、粗灰分等含量逐渐减少，粗纤维明显增加，尤其是难以消化的木质素增加显著，因此应注意适时刈割，防止刈割延迟，养分含量及适口性下降。如喂养猪、兔、鹅应在抽穗前 $30\sim45cm$ 高度时刈割，喂养牛羊（包括奶牛）应在植株 $60\sim75cm$ 高度即在抽穗前刈割。如若调制干草应在抽穗后刈割。刈割留茬不得低于 $3cm$。刈割留茬高度以 $5\sim10cm$ 为宜。每年西北地区的青割作业一般会达到 $4\sim5$ 次，产量可观。如多年生黑麦草于长江中下游地区 9月底播种，在生长季节即可刈割 $2\sim4$ 次，鲜草产量 $45\sim60t/hm^2$，总量达 $75\sim90t$。多花黑麦草秋播次年可收割 $3\sim5$ 次，鲜草产量 $60\sim75t/hm^2$，在良好水肥条件下鲜草产量可达 $150t/hm^2$。

想一想

你所在地区适合种植哪种黑麦草？为什么？

做一做

采集黑麦草饲喂动物如兔、鱼、牛、羊等，观察动物对黑麦草的喜好程度。

第三节 紫花苜蓿种植技术

一、紫花苜蓿的栽培特征

紫苜蓿是豆科、苜蓿属植物。多年生草本，多分枝，高 30～100cm。叶具 3 小叶，总状花序腋生，花冠紫色，长于花萼。荚果螺旋形，有疏毛，种子肾形，黄褐色。紫花苜蓿叶片较大，耐寒性较强，根系发达，抗旱能力很强，能及时吸收土壤中的水分，具有较强的再生能力，在年降雨量 300～800mm 的地方均能生长。紫花苜蓿对土壤的选择不严格，但以土壤 pH6～8 为宜。在墒情和温度适宜的情况下，3～4d 后出苗，播后 30～40d 植株高度低于10cm，主根长度可达 20～50cm，播后 80d 植株高度可达50～70cm，主根长度可达 100cm 以上，秋播宜早，否则不能越冬。

二、紫花苜蓿的饲用价值

紫花苜蓿具备非常丰富的营养成分，适合各种畜禽。因它含有动物在生长过程中必需的微量元素，不仅是食草畜禽的主要饲料，也是一些鱼类的饲料，能帮助鱼类及时补充蛋白质。更重要的是苜蓿有很好的环境适应能力，因而很受牧民欢迎。不同季节刈割后可为不同动物提供饲料。如夏、秋季刈割后可为肉羊提供青绿饲料。春播的紫花苜蓿可以刈割 3～5 次，在孕蕾期刈割的产量最高，年总鲜草产量在 $4000～6000kg/667m^2$；春播紫花苜蓿若当年生长好，可收割 2 茬，产量 $6000kg/hm^2$ 左右，第二年也可获得较高的产量。

三、现代种植技术

1. 播种前种植管理

（1）品种筛选　严格执行因地制宜，适地适草，在选择紫花苜蓿品种时需充分考虑其在每个季节的生长状态，根据紫花苜蓿的生长分批次采购培育。目前按照紫花苜蓿的生长特性结合种植地的生态环境进行培育和选择的品种有 31 种，其中有蒙古高原生态型、松嫩原生态型、苏北平原生态型等可供栽培选择。

（2）选地　选择地势平坦、排水良好、地下水位深、土层深厚、黏性小，同时 pH6～8 的中性或微碱性沙质土最好。为避免紫花苜蓿种植与粮棉争地，可选择轻度盐碱地和中低产田，还可达到土壤改良的目的。另外，为适应紫花苜蓿种植和收获的机械化作业，最好大面积连片种植。为便于产品的加工、贮藏和运输，应选择交通便利的地方。

（3）整地　紫花苜蓿的可利用年限较长，一般7～10年，所以整地是紫花苜蓿草地建设的基础工作。紫花苜蓿种子较细小，幼苗纤细，顶土能力较差，苗期生长较缓慢，所以对耙地作业要求十分严格。深耕技术：可借助现代化农业设施如904型拖拉机配套1LF-330型悬挂三铧翻转犁进行深耕，耕深20～25cm，耕作幅宽90cm，将肥料翻入土壤中，耕后耙平镇压，以达到保墒蓄水、消灭杂草等目的。耙耱镇压技术：播种前，首先要对深耕后的地块进行精细耙耱镇压，以达到出全苗和获得齐苗。可采用804型拖拉机配套1BDQ-3.0型驱动往复钉齿耙进行耙耱镇压作业。耙深15～18cm，耙播深浅一致，耙后达到"两平一碎"，即上下平、土壤碎。

（4）施加底肥　种植苜蓿，一般要对前茬地进行深耕施肥，深耕深度20～25cm，施农家肥40～50t/hm²。对于有机质含量较低的土壤，可施氮肥750kg/hm²、磷肥1500kg/hm²和磷酸钾1800kg/hm²。

（5）播种　可选择春播、夏播或秋前播种。春播，春季土壤解冻后土层温度达5～6℃播种，在4月上旬播种。夏播，杂草大且土壤墒情较差时，可在春末夏初对土壤进行浅耕，耙耱后保墒播种。秋前播种，播种时可掺入少量的油菜籽作为保护作物，以防盛夏的高温对苜蓿幼苗造成不利影响。秋前播种最迟不得晚于"大暑"，过迟播种苗小不利于安全越冬。此外，可利用小四轮拖拉机三点悬挂连接 2BFG-6（S）型谷物施肥沟播机进行作业，能一次性完成开沟、播种和覆土等作业。

播种方式可选择撒播、条播，以条播最好，保持行距 15cm，播种深度一般为 2～3cm，应坚持"土湿宜浅、土干则深、宁浅不深"的原则。为了控制播量，可 1kg 种子掺 6kg 沙子，随掺随播，或将苜蓿与炒熟的油菜籽一起播种。播后及时镇压保墒，确保全苗。使用药剂拌种子时，要严格掌握用药量，种药混合要均匀，等晾干后再播种；此外播种晒种 3～5d，可有效打破种子休眠期、提高种子发芽率。

机械化播种技术如下：种子净度≥95%，发芽率≥98%；湿润土壤播深 1.5～2cm，干旱土壤为 2～3cm。播种均匀一致，不重播、不漏播，播量 20kg/hm^2，行距 20～30cm。播种后地表呈整齐的沟垄形状，具有挡风避寒、蓄水保墒等优点，有利于通风透光和土壤养分合理分配，能促进紫花苜蓿的苗壮成长。机械化播种比常规播种能早出苗 8～15d，出苗率≥98%，比常规播种出苗率平均高出 10%，且苗齐、苗壮、秆高和叶茂。

套种技术一般采用小麦套种紫花苜蓿，可在小麦灌头水前进行，应注意控制小麦密度，适当减少播种量。选择早熟小麦品种，不会影响紫花苜蓿苗期生长。若种植的紫花苜蓿苗不均匀，密度不够，则需第二年补种。

2. 田间关键技术管理

（1）除草　分为苗期与割期除草。苗期除草：紫花苜蓿苗期生长势较弱，易受杂草危害，为了彻底消灭阔叶杂草灰藜、马齿苋，禾本科杂草野燕麦等，用稳杀得1500～1800mL/hm² 兑水 225kg，或禾草克 1500mL/hm² 兑水 225kg，或禾草灵 3000mL/hm² 兑水 450kg，均匀喷施。割期除草：正常收割的紫花苜蓿地除经以上几种方式消灭杂草之外，可在 6 月中上旬、7 月中上旬经 2 茬苜蓿的收割，将产籽杂草灰藜、野燕麦在落籽之前彻底消灭，部分马齿苋可在 6 月中上旬头茬草收割后及时灌水彻底消灭，这是适期收割防治杂草危害的一种农业措施，非常有效。

机械化中耕除草：可借助上海-650 型拖拉机配套3ZF-3 型中耕施肥机进行中耕作业，齐苗后进行第一次中耕，达到松土保墒、去除杂草的目的；第二次中耕在苗高10～15cm 时进行。中耕时行间伤苗率≤0.3%，地头伤苗率≤1%。

（2）**灌水与排水**　在生长过程中，适当浇水灌溉，可较好地促进苜蓿生长，提高苜蓿产量。紫花苜蓿地每年灌水 5～6 次，3 月底 4 月初及时灌返青水，4 月底 5 月初灌头水，以后每割 1 茬灌 1 次水，同时在入冬前灌好越冬水。注意排出田间积水，特别是苗期最怕水淹，灌后应在4h 内排净地表积水。

机械化喷灌技术：采用 8PJ50-100 型绞盘卷管式喷灌机配套小四轮拖拉机进行喷灌作业。喷水量每次为 90～225m²/hm²，喷灌强度 9～15mm/次。

（3）**追肥**　苗期或返青后，弱苗或次年在大量根系生成前都要施氮肥 120～150kg/hm²、磷酸二铵 150kg/hm²。在幼苗成株以后需大量磷肥，提倡氮磷混用，氮磷比为 1：3。磷肥除播前作底肥外，每年秋季苜蓿最后一次收割后，结合灌水施用磷酸二铵 $300kg/hm^2$。生长期施肥以磷酸二铵为主，每次 $150kg/hm^2$。

（4）病虫害防治 紫花苜蓿病害主要有霜霉病、白粉病、黑茎病、黄斑病、褐斑病、根腐病。防治措施：霜霉病可用福美双、代森锰锌等防治；褐斑病可用百菌清、代森锌防治；锈病可用粉锈宁、代森锌等农药防治；白粉病可用灭菌丹、甲基托布津、苯菌灵等防治。虫害主要有蚜虫、蓟马类、斜纹夜蛾、地老虎、金龟子、叶蝉类等，对苜蓿的危害都很严重。蚜虫可用克蚜威防治，地老虎可用敌杀死防治，金龟子可用西维因粉剂施入土壤中防治。由于化学药剂会影响苜蓿的品质，不可长期使用。因此，在防治的过程中可通过灯光诱杀、加强管理等方式进行有效的处理，同时坚持预防为主、综合治理的原则。尽量不采用化学防治的措施。

机械化喷洒农药防治病虫害技术：利用 904 型拖拉机配套 3W-650 型悬挂式喷杆喷雾机进行喷洒农药作业。

3. 刈割与收获

紫花苜蓿在始花期至盛花期收割最为适宜。过晚收割，茎秆老化、易落叶，影响品质。选择晴朗无雨天气收割最好，收割头茬留茬 5cm，过高影响产量及再生芽的生长，秋季最后一次收割留茬高度 7～8cm，并留有 40～50d 的生长期，以利于根部积累养分与来年春季萌芽生长返青。苜蓿收获各环节均可借助机械处理。

机械化收获技术：第一茬紫花苜蓿的收割一般选择在始花期，可采用旋转式单圆盘割草机进行作业。该割草机具有适应性强、操作灵活、割茬低、性能可靠、效率高和草条铺放整齐等特点。该机平均每天收割苜蓿 $1.8hm^2$，效率是人工的 100 倍。以后每隔 30d 收割一次，秋季最后一次收割应在生长期结束前 $20\sim30$d 为宜，过早或过迟收割不利于植株根部和根茎中储藏营养物质的积累。紫花苜蓿利用年限一般为 $4\sim8$ 年。

机械化搂集翻晒技术：采用指盘式搂草机进行机械化操作。机械化搂集翻晒一方面有利于草铺下的草尽快晒干，另一方面可使苜蓿草铺下的草根不致捂烂，以保证苜蓿草的营养充分利用。指盘式搂草机的引进及推广，使牧草切割压扁之后通过翻晒加速草铺的干燥速度，提前为机械打捆做好准备，从而尽量减少牧草的收获损失，有着广阔的推广前景。

机械化打捆技术：紫花苜蓿在晒干后，可采用引进圆草捆捆扎机进行打捆。该技术具有结构合理、适应性广、放捆迅速、准确、作业效率高和性能可靠的特点。

想一想

为什么大家把紫花苜蓿当成是"牧草之王"？

做一做

大家都吃过"木须肉"，其实，紫花苜蓿幼嫩的部位也可以食用，不妨试试好不好吃。

第四节　白三叶种植技术

一、白三叶的栽培特征

白车轴草又名白三叶、白花三叶草、白三草、车轴草、荷兰翘摇等，多年生草本，生长期达 6 年，高 10～30cm。主根短，侧根和须根发达，节上生根，全株无毛。白三叶有一定的观赏价值，是世界各国栽培的主要优良豆科牧草之一，多生于低湿草地、河岸、路边及林缘下。耐干旱、贫瘠和酸碱。生长适宜的温度为 19～24℃。夏季生长特快。有早青、晚黄的特点，秋霜后仍能生长。白三叶幼苗期和成株均能忍受－5～6℃的寒霜，且在－7～8℃仅叶尖受害，一遇气温回升，即可恢复茂盛的姿态。仅在历经数次寒霜或大雪封地时才会枯萎。无夏枯现象，适应能力强，适宜土壤 pH 为 6.0～7.0。白三叶的苗期相对较长，需要经历缓慢的成长阶段，因而在田间管理方面，需做好中耕工作，去除杂草。

二、白三叶的饲用价值

白三叶适应性广，营养价值高，适口性好，各种牲畜均喜食，耐牧性强，是建植人工草地不可缺的豆科牧草，也是优良的水土保持地被植物，具有极其重要的生态价值和经济价值。白三叶营养价值较高，干物质中粗蛋白达

24.5%、粗脂肪 2.23%、粗纤维 27.0%、灰分 9.66%、无氮浸出物 39.29%、钙 0.75%、磷 0.19%。其营养成分及消化率均高于紫花苜蓿、红三叶草。白车轴草具有耐践踏、扩展快及形成群落后与杂草竞争能力较强等特点，故多作放牧用。但要适度放牧，以利于白车轴草再生长。饲喂时，应搭配禾本科牧草饲喂，可达到碳氮平衡，并可防止单食白车轴草发生臌胀病。另外，可晒制草粉作为配合饲料的原料。此外，白三叶由于碳水化合物含量较低，青贮不易成功，可利用玉米秸秆与白三叶混合青贮，不但可以解决豆科牧草中碳水化合物含量低、青贮不易成功的弊端，而且可为家畜生长发育提供较为平衡的营养物质，提高日产奶量，增加养殖业经济收入。

三、现代种植技术

1. 播种前及田间种植管理技术

（1）**选地**　最好选择湿润肥沃、弱酸性、排水良好的沙质壤土种植。

（2）**整地**　白三叶细小的种子对土地环境的要求较为严格，因此在播种白三叶之前，应将土壤进行翻耕（耕深 25cm）、碎细耙平，保持松软。若遇土质黏重易板结的土壤，应表土掺沙，提高土壤透水透气性。

（3）**施加底肥**　优先考虑磷肥、有机肥、已腐熟的厩肥或饼肥等。若土壤呈酸性，则应施加适量的石灰材料。

（4）**适时播种**　白三叶的播种时间为春季与秋季，但最好秋播。采种后可立即播种，春季播种的时间在 3 月上旬与中旬；秋季播种最迟要在 10 月中旬之前。

（5）**播种方式** 主要方式有条播与撒播，其中条播的实践效果更显著。播种量为每亩 0.5～1.0kg，依具体情况可适当加大播种量，播后 3～7d 可出土。小面积绿地可用手撒播，大面积采用手摇播种机撒播，保证种子均匀、出苗齐。待播种均匀后，可覆盖一层细土，厚度为0.5～1cm，以保证种子发芽所需的温度和湿度。

（6）**除草** 用除草剂或除草剂与人工相结合清除杂草。

（7）**水分管理** 白车轴草抗旱性较强，耐涝性稍差。水分充足时生长势较旺，干旱时适当补水，雨水过多时及时排涝降渍，以利于生长。成坪后除了出现极端干旱的情况，一般不浇水，以免发生腐霉枯萎病。白车轴草的浇水宜本着少次多量的原则。

（8）**病虫害防治** 白三叶草坪常见的病虫害主要有叶蝉、地老虎、白粉蝶。叶蝉主要出现在叶背上，靠吸取叶汁为生。该病害出现之前，叶片的绿色慢慢消退，并在其上面出现白色的小点，慢慢地叶片会发白，大大降低了其观赏价值。防治方法：每年 4 月下旬开始对白三叶草坪进行检查，若出现幼虫，马上喷洒 50％杀螟松 1500 倍液、除虫菊酯类农药 2000 倍液。并且喷洒的过程中要确保各个部位都喷洒到，包括叶面、叶背和植株的上下部。

地老虎在早春时节出现，对植物的根芽造成损坏，特别是沙质土和连作地。有的从地面上将根茎咬断，有时在地下将芽咬掉，致使植株大面积毁掉。防治方法：普遍使用毒液将其捕杀；也可用呋喃丹颗粒，将其放到病虫的沟、穴里，杀死虫害。呋喃丹颗粒的有效期比较长，喷洒该药以后，7～8周内白三叶草坪不会出现地老虎。

白粉蝶病害也是白三叶草坪常常出现的一种病害。每年的4～10月份，在叶片上往往会有白粉蝶幼虫的出现，特别是夏季天气干燥烦热的情况下，病害更为严重，会将叶片全部吃掉，影响植物生长。防治方法：在虫害发生的初期喷洒青虫菌；或者在早晨还有露水的时候，喷洒2.5％敌百虫粉剂，如果每亩使用1.5～2kg会产生更好的效果。与此同时，在进入夏季之前，如果某些植株长势太好，需进行刈割，以利于通风，不会因为过密而影响其生长。

2. 收获

白三叶在初花时期便可以刈割制成牧草，在西北地区正常的生长环境下，白三叶的生长情况良好，鲜草产量十分可观。留茬7cm且刈割周期不低于30d最利于白三叶根系、茎节的生长和越夏力的提高。留茬4cm，可维持白三叶牧草较高的产量。

想一想

白三叶花期长、叶片观赏性高，如果作为地被植物栽培，需要注意哪些事项？

做一做

采集白三叶匍匐茎，埋植于花盆中，观察其成活情况。

第三章

现代果树种植技术

第一节 果树及果品的类型

　　我国是世界果业大国，果树种植面积和总产量均居世界第一，据《2020中国农村统计年鉴》统计，2019年水果（包括西瓜、甜瓜、草莓等瓜果类）种植面积1439.39万公顷，年产量为2.74亿吨。我国果品种类丰富，果园遍及南北各地，是果农收入的主要来源。

一、果树产业的地位

　　早在被栽培很多年以前，水果就开始被人类采集食用。水果及其干制品和坚果统称果品，据中国膳食指南（2016）推荐，2岁以上的健康人群每日需摄入200～350g新鲜水果，摄取大豆及坚果类25～35g。水果和坚果是平衡膳食的重要组成部分。明代大医学家李时珍将其概括为"熟则可食，干则可果脯，丰俭可以济时，疾苦可以备药，辅助粮食，以养民生"，由此可见，果品可增进健康、调节代谢和预防疾病，部分水果还可作为粮食补充。

二、果树的类型

我国地跨寒、温、热等气候带，复杂的地理环境和气候条件使得我国果树资源十分丰富，是世界上最大的果树原产中心。果树种类繁多，特性各异，可按以下特性对果树进行分类。

依据生态适应性差异，可分为寒带果树、温带果树、亚热带果树和热带果树四大类。常见寒带果树有山葡萄、秋子梨、树莓、榛子、醋栗树等；常见温带果树有苹果、葡萄、核桃、桃、杏、李、枣树等；常见亚热带果树有柑橘、枇杷、猕猴桃、荔枝、龙眼树等；常见热带果树有菠萝、番木瓜、芒果、椰子、香蕉树等。

按每年生命活动中是否有明显的生长期和休眠期分为两类，即落叶果树和常绿果树。有明显休眠期的为落叶果树，一般寒带和温带栽培的多是落叶果树，在秋季或冬季生长期末，叶片脱落，进入休眠期。常见的落叶果树有苹果、葡萄、梨、桃、李、杏、山楂、枣、柿子、猕猴桃、核桃树等。没有明显休眠期的为常绿果树，老叶在新叶长出后逐渐脱落，一般热带和亚热带栽培的许多果树属于此类。常见的常绿果树有柑橘、枇杷、番木瓜、芒果、龙眼、荔枝、香蕉、椰子、澳洲坚果、番石榴树等。

依据植株的形态特性，可分为乔木果树、灌木果树、藤本果树和草本果树四类。乔木果树自然状态下有较明显而直立的主干，顶芽沿中轴不断向上生长，侧生分枝相对较弱，大多数果树属于此类。灌木果树自然状态下从基部形成多个主茎，如刺梨、番荔枝、树莓树等。藤本果树的茎细长而柔软，有缠绕攀缘特性，人工栽培需设立支架，如葡萄、猕猴桃树等。草本果树为草本植物，如草莓、菠萝、香蕉树等。

三、果品的营养

果品（水果、坚果和果干）的营养成分一般包括蛋白质、脂肪、碳水化合物、不溶性膳食纤维、总维生素 A、胡萝卜素、硫胺素（也称维生素 B_1）、核黄素（也称维生素 B_2）、烟酸（也称维生素 B_3）、维生素 C、维生素 E、钙、磷、钾、钠、镁、铁、锌、硒、铜、锰等。其中宏量营养素为蛋白质、脂肪、碳水化合物和不溶性膳食纤维；维生素包含维生素 A、硫胺素、核黄素、烟酸、维生素 C 和维生素 E，矿物质包含钙、磷、钾、钠、镁、铁、锌、硒、铜、锰等。除上述一般营养成分外，果品中还含有胆碱、叶酸和生物素等。果品是鲜果和干果的总称。鲜果即水果，含水分较多；干果含水分较少，主要指坚果，也包含鲜果经过晾晒或烘干的果干。

1. 水果及果干的营养价值

水果是指多汁且主要味觉为甜味和酸味，可食用的植物果实。水果的蛋白质和脂肪含量都很低，大多数都在 1% 以下，仅有榴莲、椰子等极少水果超过了 2%。其不溶性膳食纤维含量通常不到 2%。水果的维生素种类多，一些水果的维生素 C 含量很高，如沙棘和鲜枣，超过 2mg/g；部分水果维生素 C 含量超过 0.20mg/g，如猕猴桃、柠檬、柚、草莓和番木瓜等。大多数水果的维生素 E

含量很低，不足 0.01mg/g，但榴莲、猕猴桃、山楂、石榴和樱桃的含量相对较高，在 0.02mg/g 以上，桑葚接近0.1mg/g。矿物质方面，多数水果富含钾、磷、镁、钙，而铜、锰、铁、锌、硒含量较低。

果干是由鲜果经过晾晒或烘干而成的食品。水分一般12%以内，便于保存。果干保留了水果的大部分营养，但维生素 A、胡萝卜素和维生素 E 等加工制干后所剩较少。

2. 坚果的营养价值

坚果，果实成熟时果皮坚硬干燥，果实外部多具坚硬的外壳，内含 1 粒或者多粒种子。一般都营养丰富，含蛋白质、油脂、矿物质、维生素较高，对人体生长发育、增强体质、预防疾病有极好的作用。

常见的坚果分为两类，一类是富含蛋白质和脂肪的坚果，如核桃、杏仁、松子和榛子仁等；另一类是含碳水化合物高而脂肪少的坚果，如板栗和白果等。

除板栗和白果除外，坚果的蛋白质含量高，一般在10%以上，腰果、杏仁、开心果和榛子等的蛋白质含量可达 20%以上。坚果脂肪含量也很高，一般都接近或超过30%，核桃、腰果、开心果、松子、香榧和榛子等的脂肪含量接近或超过了 50%。多数坚果的不溶性膳食纤维含量都比较高，核桃、腰果、开心果和榛子的不溶性膳食纤维接近或超过了 10%。坚果中维生素 E 含量较水果高，而其他维生素含量普遍不高。矿物质方面，多数坚果富含钾、磷、镁、钙，而铜、锰、铁、锌、硒含量较低。

想一想

1. 水果和坚果的营养成分有什么异同？

2. 果树的分布受哪些因素影响？

做一做

1. 调查所在地区种植的果树种类？

2. 调查你常去的超市，看看这些水果来源于哪些地方？

第二节 果树生长发育概述

果树与其他生物一样，都有一个从生长到死亡的时间过程，被称为生命周期。了解果树的生长发育规律，对控制果树的早结果和丰产稳产具有重要指导意义。

一、果树的生长发育过程

依据果树生长、结果、衰老、更新的发展演化状况，在经济栽培中可分为幼树期、初果期、盛果期和衰老期。

1. 幼树期

幼树期也称营养生长期。从种子播种到具有开花潜能之前的时期称为果树童期，这一时期的长短因树种、环境条件和栽培技术而异。从种子发芽或从幼苗（嫁接苗）种植到第一次结果，这个时期果树主要是进行植物营养生长，根系和地上部分均生长迅速，光合作用区域和吸收区域不断扩大，根系生长旺盛，逐渐形成粗壮主根和须根，最终形成树冠和根部。此期是形成良好树形的关键时期，做好整形修剪，培育利于早结果的丰产树形。

2. 初果期

从初次结果到大量结果的时期。此时树木的营养生长仍然占主导地位，树冠继续扩张，根系继续向横纵发展，须根大量增加，吸收养分范围及能力加强。树冠不断增大，主枝逐渐开放，生长逐渐缓和，产量逐年增加。果实品质由最初的风味较淡、品质略差慢慢转变为风味浓郁、品质较好，显现出品种固有的内在特征。

3. 盛果期

是指从高产稳产开始到减产开始这段时间。根系和树冠不再继续扩张，枝条有很多的花芽形成，产量最高，品质最好。在后期树干分枝尖端死亡减少，产量开始下降。

4. 衰老期

从产量下降开始到主枝枯萎的开始。此期新梢的数量明显减少，主要分枝的末端开始死亡。大量老枝死亡，产量逐年下降，树冠萎缩，后期部分主枝开始枯萎，主根发生大量死亡，树的抗性也显著降低，最终老化甚至死亡。

果树的不同发育时期是渐进和连续的，不同时期之间没有明显的界线，充分了解果树的变化规律，再根据果树的特点和环境制定正确的栽培技术，才可以实现果树的早结果和成年树的高产优质、抗性好，取得较好的经济效益。

二、果树物候期

果树除从生到死的生命周期外，每年从春季萌芽到翌春萌芽也是一个周期，称为年周期，即果树物候期，全称"果树生物气候学时期"，是每年随四季气候变化而发生的生命活动现象。果树的各种器官在年周期中，周而复始地发生着与外界环境条件相适应的、有节奏的活动和休眠现象，呈现一定的生长发育规律性。

从春到冬，主要包含果树利用贮备营养的各季器官形成期、生殖器官分化期、果实发育成熟期和树体营养贮藏越冬期。年周期各阶段间皆有过渡转折期，如冬春之交的由营养贮备态向利用态转变、春夏之交的新旧营养交替、秋冬之交的活跃态向贮备积累态转变、冬季后期的由真休眠向假休眠转变等。果树栽培上既要保证各阶段的顺利通过，更要注意对过渡转折时的特殊需求加以特别关注。

一般果树的年周期包含以下物候期：萌芽期（春梢、夏梢、秋梢、冬梢）、花芽分化期、初花期、盛花期、终花期、生理落果期、幼果膨大期、果实膨大期、果实转色期、果实成熟期和落叶休眠期等。

三、果树生产的特点

果树生产主要是以土地、水源和养分等自然资源为基础，利用植物的光合作用生产果品的过程。果树生产具有以下特点：

1. 果树生产受环境条件制约大

多数果树都有一定的适栽范围，受气候、土壤和地势等因素影响，尤其是土壤质地、土壤 pH、地下水位、有害盐类等对果树影响严重。因此果树栽培要遵从适地适树原则，进行树种与品种的区域化栽培，科学地规划与选定各类果树的栽培基地。

2. 多数果树为多年生，寿命长

少则二三十年、长则数百年的老果树也能结果。例如，四川泸州有 200 年以上的龙眼和荔枝、山东平邑有百年以上的梨树、湖北秭归百年的甜橙树、广东增城 500 年的荔枝、湖北五峰 500 年的猕猴桃，甚至有逾千年的银杏树。但根系和枝干病虫害也常常带来果园的早期毁灭，严重缩短树体的寿命，同时严重的自然灾害如旱、涝、寒、冻、风、雹、病、虫等往往造成树体中途夭折，因此只有改善果树生存环境条件、预防自然灾害和提高管理水平才能有效地延长经济寿命和树体寿命。

3. 果树长期固定在同一生长地点

多数果树结果后当年的产量，主要靠上一年甚至上几年的管理好坏、树体的营养状况和上一年花芽分化的数量与质量情况而定，而当年的树体营养和结果状况，又直接影响翌年甚至下几年的生长结果，因此果树生产要做到营养生长与生殖生长很好的平衡才可以达到丰产稳产。

4. 多数果树树体较高大

我国果品生产中也利用山地丘陵和滩涂沙荒地，但普遍存在土层瘠薄、有机质含量少、保水性能差、海涂盐碱含量高等生产障碍因子。因此栽培果树时都必须改土、增施有机肥料、改善土壤理化性状、提高土壤肥力,为果树根系生长发育提供良好的水、肥、气、热等条件。

想 一 想

1. 为什么多数果树都有童期,而不是栽植当年就开花结果?

2. 如何延长果树的经济寿命期?

做 一 做

选果园或园林绿化中的一株果树观察一周年,了解果树一年中随季节变换枝叶花果发生的变化。

第三节 果树高效种植技术

我国果树栽培面积和产量均为首位,但果品质量和效益与其他发达国家相比还有差距。随着我国经济社会和果树产业的快速发展,消费者对果品的要求已从满足数量要求转变为满足质量要求。因此,生产出好吃、好看、好种、好卖的优质果品是现代果业的需求。为了实现我国果业的高质量发展,必须坚持高效、绿色和可持续发展。现代果业是利用现代化生产工具、生产资料和管理方式经营进而达到现代先进水平。

一、果树"三优"栽培技术

在大田作物和蔬菜生产中，一粒种子的好坏，对其产量、品质和抗病虫及抗逆境有重要影响。果树栽培中优良品种、优良砧木也至关重要，与优良栽培技术统称为"三优"栽培。果树的优良品种只有嫁接在适宜的砧木上，再加上高效的栽培技术，才能达到早果丰产、品质优良，实现较高的经济效益。

二、果树营养需要与配方施肥

养分作为维持果树正常生长结果的重要物质和保证，来源于土壤、化肥、有机肥和环境。多年生果树一年多次抽梢，生长期长，结果量大，需肥量也大。化肥、有机肥和大气、水体中养分是土壤养分的重要来源，土壤养分状况是制定合理施肥方案的重要依据之一。

果树测土配方施肥技术，是以肥料田间试验和土壤测试为基础，根据果树需肥规律、土壤供肥性能和肥料效应，在合理施用有机肥的基础上，科学提出无公害配方施肥的精准施肥技术。

三、果树生长发育调控

植物生长调节剂一般指能调控植物生长、开花、休眠与萌发等过程的一些化学合成物。依据我国《农药管理条例》，植物生长调节剂作为农药进行统一管理，实行登记制度，需要取得农药登记证号、产品执行标准号和生产批准证书号后方可允许生产和销售。植物生长调节剂在农作物上应用有着悠久的历史，在调控果树植物开花坐果和产量、果实品质、抗病性等方面发挥着重要的作用。目前国内外已将使用植物生长调节剂作为实现高产的重要措施，其用量小、效益高，不会在作物中残留过多。推广和应用高效、低毒与广谱的安全高效植物生长调节剂对促进相关产业健康发展意义重大。

植物生长调节剂在果树生产中的应用非常普遍，目前已在柑橘、菠萝、梨、荔枝、龙眼、芒果、猕猴桃、枇杷、苹果、葡萄、香蕉、枣、柿子、沙棘等果树上登记了植物生长调节剂产品，主要涉及六大类：赤霉素类，调节生长、增产、催熟；生长素类，调节生长、增产、催熟及控梢、杀虫；细胞分裂素类，调节生长、增产；芸苔素内酯，主要是调节生长；脱落酸类，促进生长、抗逆；乙烯利，主要作用为催熟。随着对植物激素的研究越来越深入，会有更多功效产品逐步开发。科学合理使用植物生长调节剂可调控果树生长发育，可达到保花保果、提高产量与增强品质及抗病抗逆能力的目的，与其他农药配套使用可成为减药增效的重要手段。

四、现代果树栽培技术

1. 宜机化栽培

果园现代化发展与果园机械化程度密切相关。果园机械化是在果树栽培管理及生产作业时用机械代替人力操作的过程。果园作业主要有土壤耕作、苗木培育、移栽、树体修剪、灌溉、施肥、病虫害防治、中耕除草和果品收获等，宜机化生态果园更适合乘坐式或大中型农业机械进行耕作、种植、田间管理和收获等作业，能有效解决农村劳动强度大、生产效率低等问题的现代化果园，既能减轻劳动强度，又能抢农时，减少损失，为果树生长发育创造良好条件，促进果品优质高产。

现代果园为了便于机械化操作，一般建园时就要规划好相应的道路及相应设施，栽植时采取宽行密植。

2. 水肥药一体化

水肥药一体化是将现代化灌溉与施肥打药技术融为一体的农业新技术，需要建园时安装相应基础设施，经济效益高，且管理简便，适于机械化管理。

水肥药一体化施用水溶性肥料有如下特点：省时省力；可将肥、水、药控制在一定范围，节水省肥减药；滴灌或喷灌对土壤微生物和土壤团粒结构破坏小，可防止土壤板结；相比漫灌可防止土传病害发展；增强果树抗逆性。

3. 智慧果园

随着劳动力成本、资源成本和管理成本的提高，传统的人工管理种植一直制约着我国农业产业的发展。随着智慧农业的兴起，物联网将把这个领域推向新的高度，也给果树产业带来了新的发展机遇。智慧果园就是数字＋农业＋商品的发展新模式，需要建立相应的系统以及平台和数据中心，一般主要包含水果生长环境在线监测系统、无线水肥灌溉系统、可视化管理系统、绿色虫控系统、数字农业云平台和大数据管理中心等。

想一想

1. 果树植物生长调节剂主要有哪几大类？
2. 设想未来的智慧果园是怎样的场景？

做一做

参观附近的现代果园，写写你认为还可以实现更高效生产的改善之处。

第四节　果树病虫草害防治

果树的生长发育面临病、虫、草等多种有害生物的威胁，要坚持果品高质量安全生产，必须坚持绿色发展理念，除了培育抗病虫、抗逆、营养高效等绿色果树新品种外，在果园中使用绿色投入品，减施化肥农药，发展资源节约型、环境友好型和生态环保型果业，才能促进果业发展与生态环境保护相统一。

一、果树病虫害防治

依据"预防为主，综合防治，保护环境"的原则，采取农业防治、物理防治和生物防治相结合的综合防治方法，改变防控上主要单一依赖化学农药且化学农药不科学使用的现象。必须选择农药时要按照病虫害的发生规律，科学使用符合《绿色食品农药使用准则》的化学防治技术，严格控制农药安全间隔期和用药次数，注意轮换用药，合理混用，达到农药残留符合食品安全国家标准或农产品质量安全行业标准。

1. 农业防治

果树病虫害农业防治主要可采取以下措施：选用抗病虫的果树品种，例如苹果 MM 系砧木品种能抗苹果棉蚜，金冠、新红星抗轮纹病。合理规划栽植密度，兼顾产量与通风透光，不与有共同病虫害的果树混栽。整形修剪，改善树冠内膛光照条件，使果园透光透气，提高树体抗病能力，避免果园郁闭、潮湿，抑制或减少病害的发生，达到减药目的。优化肥水管理，增施有机肥和减施氮肥以增强果树对病虫害的抵抗力。果园行间生草，有利于土壤微生物活动、土壤养分供应，还可为昆虫提供庇护所，保护天敌的生存，让一些天敌如捕食螨、瓢虫、草蛉等数量上升，形成良性发展。

2. 物理防治

果树病虫害物理防治主要可采取以下措施：

（1）果园清园，有效消灭越冬有害生物，降低有害生物的越冬基数，避免或减轻病虫害发生，如直接铲除死树，剪除病、虫枝和枯枝、弱枝。还可进行一次耕翻，疏松土壤，破坏害虫越冬场所。同时还可以药剂清园，全园喷洒机油乳剂、石硫合剂等，并采取树干刷白。利用害虫越冬习性，在树干上捆绑草把、破布等诱导越冬害虫，然后在第二年害虫出蛰前进行消灭。

（2）利用害虫趋光性，采取以诱虫灯诱杀害虫。悬挂高出果树树冠 0.5m 的杀虫灯，控制潜叶蛾、吸果夜蛾、玉米螟等害虫。杀虫灯悬挂于害虫出现频率高的地方，如山林边等，诱杀鳞翅目、半翅目和鞘翅目等害虫有效，需常清理害虫尸体。

（3）利用性、食、色诱剂诱杀，即利用潜叶蛾的雌成虫的趋化性，6～9 月在橘园可悬挂性诱剂装置诱杀。利用柑橘大、小实蝇对糖、酒、醋液的趋性，5～11 月在橘园悬挂糖、酒、醋液装置诱捕。悬挂黄板或蓝板实施色板诱杀。安置防鸟设备，如超声波驱鸟和活动猫头鹰雕像设置等。

3. 生物防治

果树病虫害的生物防治主要包含利用害虫天敌、生物农药、昆虫激素和拮抗菌等方式进行防治。利用果园生态系统中的天敌和释放天敌可以防治某些果树虫害。如利用捕食性蓟马可以防治葡萄蓟马、柑橘上释放捕食螨可以防治红蜘蛛。

利用昆虫激素可干扰昆虫交配和繁殖，使用性激素可以对柑橘实蝇、桃小食心虫和苹果蠹蛾等害虫进行诱捕，利用蜕皮激素、保幼激素可以干扰鳞翅目昆虫蜕皮过程。利用微生物或生物制剂防治病虫，如苏云金杆菌、青虫菌 6 号防治桃小食心虫，用多氧霉素可防治苹果褐斑病和斑点落叶病。拮抗菌是分泌抗生素的微生物，如利用芽孢杆菌可防治葡萄灰霉病、白粉病等。

4. 化学防治

在进行农业防治和生物物理防治的基础上，如仍有病虫发生，为保证果树正常生产就需要实施化学防治。选用优质、高效、低毒、低残留及环境友好型新农药，减少施用传统有机磷农药产品进行化学防治。坚决禁用高毒农药，如杀扑磷、氧乐果、甲胺磷和水胺硫磷等国家明文禁用的农药。

采取在施药时加入一定量的增效剂，实现化学药剂的绝对减量，提高农药利用率。同时找准病虫防治最适施药时期和关键施药部位，达到高效施用农药，如防治柑橘红蜘蛛的最适施药时间是在春季 3~4 月春梢抽发，当叶片螨口数量超过 2~3 头/叶时，叶片背面、树冠内膛和上层是防治施药的关键部位。

二、果树草害防治

果园杂草防除通常包含物理除草、化学除草和生态除草等。

1. 物理除草

物理除草包含人工除草、机械除草和覆盖物除草。人工除草比机械除草费时费力，工作效率低。覆盖物除草是在杂草旺长前覆盖黑农膜或无纺地布，以达到控草、减少除草剂使用的目的。地布可以在冬季清园后进行覆盖，覆盖前进行除草和土地平整，覆盖于树干两侧各 1m 范围，铺好后固定。地布覆盖对果园杂草控制率可以达到90%左右，明显减少了人工除草的工作量，也避免了除草剂的使用，夏季对果园土壤的保湿效果良好，可缓解干旱，有利于树体的生长。

2. 化学除草

果园常用化学除草方法有土壤处理方法和茎叶处理方法。土壤处理方法如下：在清园后施用精异丙甲草胺和异丙甲草胺喷雾并进行土壤封闭，或者中耕后喷雾，可以控制杂草萌芽而发挥杀草作用。茎叶处理方法如下：将除草剂草甘膦直接喷洒到生长着的杂草茎、叶上。

3. 生态除草

（1）果园生草法 为控制果园杂草，减少人工割草时人力的投入和减少除草剂使用，可以采用果园生草法，如行间间作白三叶草等绿肥进行防控。撒播前对果园进行除草、耕翻、平整，撒播后及时浇水。间作三叶草可对果园杂草起到遏制作用，同时对果园土壤起到保湿作用，改善果园生态环境，减少草害及病虫害的发生。

（2）养禽除草法 鹅是以吃青草、野菜为主的食草家禽，消化力强，粗纤维的消化利用率较高，代谢旺盛，耐寒、耐粗饲、抗病、适应性强、生长快、饲养管理方便，因此草食鹅可用于多年生果园控草。

想一想

1. 什么是益虫？什么是害虫？果园如何保护天敌？

2. 果品安全生产的主要影响因素有哪些？

 做一做

　　选择一种果树，观察一周年里主要发生的病虫害有哪些？

第四章

现代科学养猪技术

第一节　猪的类型及品种

一、猪的类型

猪是世界上分布最广泛的动物之一，也是和人类生活密切相关的家养动物。由于长时间的地域隔离使得不同地方的猪具有不同的特点，很多具有明显的地域特色，形成多种类型。

1. **按体型分类**

（1）**粗壮型**　头粗，体大而窄，四肢粗壮，皮厚毛硬，产仔多，板油厚，抗病力强，耐粗饲。但成熟晚，屠宰率低。

（2）**细致型**　头清秀，体躯短，腿细，皮薄，毛稀，产仔较少，抗病力弱，耐粗饲差，但屠宰率高，膘厚，肉质好。适合圈养，早期育肥能产生较多的油脂。

（3）**结实匀称型**　头短额宽，体格中等，体躯宽平，发育匀称，体呈长方形；骨骼坚实、粗细中等，皮薄；产仔多，生长快，早熟易肥，屠宰率高；性情温顺，适应性强。

2. 按经济用途分类

（1）脂肪型　能生产较多的脂肪（含量 45％～47％），瘦肉率 35％～37％。肉质细嫩，性情温驯，耐粗饲，有早期沉积脂肪的能力。背膘厚≥5cm。我国大多数地方品种均属脂肪型。

（2）肉用型　以生产瘦肉为主，瘦肉率 55％～60％，肉脂率占 20％左右。外形呈流线形，体长大于胸围 15～20cm，生长发育快，饲料报酬高。背膘厚 2.5～3.5cm。

（3）肉脂兼用型　肉脂兼用型介于上述两类之间，瘦肉率 50％左右，体型中等，背腰宽阔，中躯粗短，后躯丰满，体质结实，性情温驯，适应性强。生产肉和脂肪的能力都强，背膘厚 3～5cm。我国部分品种如哈白猪、新金猪、内江猪以及小型约克夏猪均属这种类型。

3. 按照其地理分布分类

（1）华北类型　有东北民猪、黄淮海黑猪、里岔黑猪、八眉猪、汉江黑猪和沂蒙黑猪等。

（2）华南类型　有滇南小耳猪、蓝塘猪、香猪、隆林猪、槐猪、五指山猪、海南猪、两广小花猪（陆川猪、广东小耳花猪、墩头猪）等。

（3）华中类型　有宁乡猪、金华猪、通城猪、嵊县花猪、监利猪、清平猪、湘西黑猪和大花白猪等。

（4）江海类型　有太湖猪（梅山猪、二花脸猪等的统称）、圩猪、阳新猪、兰屿小耳猪、浦东白猪、黔邵花猪、泾猪、嘉兴黑猪、米猪、沙乌头猪、姜曲海猪和东串猪等。

（5）**西南类型**　有内江猪、荣昌猪、成华猪、雅南猪、湖川山地猪（合川黑猪、罗盘山猪、渠溪猪、丫杈猪）、乌金猪（柯乐猪、大河猪、昭通猪、凉山猪）、关岭猪和桂中花猪等。

（6）**高原类型**　藏猪、合作猪。

二、猪的品种

我国是猪遗传资源最为丰富的国家之一，目前现存地方猪品种 83 个，约占世界猪遗传资源的 1/3。

1. 地方品种

我国地方猪种常具有以下优良特性：

（1）**繁殖力强，产仔数高**　如二花脸猪、梅山猪等平均排卵数为 28.16 个，比其他地方猪种多 6.58 个，比国外猪种多 7.06 个，平均产仔 15.8 头。二花脸猪、梅山猪等早期胚胎死亡率平均为 19.99%，国外猪种为 28.40%～30.07%。

（2）**肉质优良**　我国地方猪种肉质优良，具体表现在：肌肉颜色鲜红（没有 PSE 肉，即没有肉色灰白、质地松软和渗水的劣质肉）；系水力强，肌肉大理石纹适中；肌肉脂肪含量高。

（3）**抗应激和适应性强**　中国猪种具有高度的抗应激性和适应性，有些猪种对严寒（民猪）、酷暑（华南型猪）和高海拔（藏猪和内江猪）有很强的适应性。绝大多数中国猪种没有猪应激综合征。

（4）**矮小特性** 贵州和广西的香猪、广西的巴马香猪、海南的五指山猪、云南的滇南小耳猪以及中国台湾的小耳猪，成年体高在 $35\sim45$cm，体重只有 40kg 左右，具有性成熟早、体型小、耐粗饲、易饲养和肉质好、耐近交等特性，是理想的医学实验动物模型，也是烤乳猪的最佳原料，具有广阔的开发利用前景。香猪与长白猪比较见图 4-1。

图 4-1　香猪与长白猪比较

2. 引入品种

19 世纪末以来，我国从国外引入的猪种有十多种，包括大白猪、长白猪、巴克夏猪、苏白猪、克米洛夫猪等。20 世纪 80 年代，又引进了杜洛克猪、汉普夏猪和皮特兰猪。目前，在我国影响最大的引入品种为大白猪、长白猪和杜洛克猪，其次为皮特兰猪、汉普夏猪和巴洛克猪。

主要引入品种的种质特性：生长速度快；屠宰率、胴体瘦肉率高；与我国地方猪种相比肉质较差，尤其是皮特兰猪的 PSE 肉和 DFD 肉的发生率高；抗逆性差，对饲养管理条件的要求较高；产仔数较少，母猪发情不明显，配种困难。

3. 培育品种

培育品种既保留了地方品种的优良特性，又兼备了引入品种的特点，丰富了我国猪遗传资源，推动了猪育种工作的进步。培育品种与引入品种相比其品种外形整齐度差，体躯结构还不够理想，腹围较引入品种大。另外在生长发育、增重速度、饲料报酬和胴体瘦肉率等方面还不及引入品种。我国有 22 个培育猪品种，其中新淮猪、上海白猪、北京黑猪、伊犁白猪、汉中白猪、山西黑猪、三江白猪、湖北白猪、浙江中白猪、苏太猪、南昌白猪、军牧 1 号白猪、大河乌猪、鲁莱黑猪、鲁烟白猪、豫南黑猪、滇陆猪和松辽黑猪这 18 个品种被《中国畜禽遗传资源志·猪志》收录，此外苏淮猪、湘村黑猪、苏姜猪和晋汾白猪未被该猪志收录。

想一想

猪的类型和品种有哪些？

做一做

调查一下你所在地区有哪些品种，分别有何特征？

第二节 猪的营养需要与饲料配方技术

一、猪的营养需要

1. 种公猪的营养需要

（1）**能量** 种公猪的能量供给应适宜。能量供应不足将影响睾丸和性器官的发育，性成熟推迟，初情期射精量少，而能量过高会导致降低甚至丧失配种能力。在生产实践中对配种任务重的公猪，必须及早补饲，否则会造成性功能的减退和精液品质的下降。NRC 推荐种公猪的消化能需要量为 28.45MJ。

（2）**蛋白质和氨基酸** 种公猪发育期间，蛋白质摄入不足会延缓其性成熟；成年公猪饲粮中蛋白质不足，会影响精子形成和减少射精量，但饲粮中蛋白质过多，不利于精液品质的提高。

中国肉脂型猪饲养标准中种公猪粗蛋白质需要按体重给予，体重在 90kg 以下时为 14%，体重在 90kg 以上时为 12%。NRC 推荐种公猪蛋白质需要量为 260g/d。为了充分发挥优秀种公猪的作用，日粮中还可以添加 5% 左右的动物性蛋白质饲料原料。

（3）**矿物质** 钙和磷对精液品质有很大影响。后备公猪饲粮含钙 0.90% 和成年公猪饲粮含钙 0.75% 可满足其繁殖需要，钙、磷比要求 1.25：1。另外建议每千克公猪饲粮中硒、锰、锌含量应分别不少于0.15mg、20.0mg和50mg。

（4）维生素 NRC中推荐种公猪的维生素A需要为每千克饲粮含4000～8000IU，维生素D需要量为每千克饲粮含200～400IU。

2. 后备母猪的营养需要

为了不妨碍繁殖性能，80～90kg的后备母猪，通常能量摄取水平限制在每天代谢能25.12MJ，日采食量不超过2kg。此外，环境、设备条件良好的舍饲后备母猪的饲喂量应比一般舍饲的后备母猪减10%左右。实际生产中，后备母猪的日粮应含消化能12.96MJ/kg、粗蛋白15%、赖氨酸0.7%、钙0.82%和磷0.73%，从选种后采取自由采食。对于培育品种和杂种母猪，使其能在第一次发情时达到约90kg体重（约180日龄）。

3. 妊娠母猪的营养需要

（1）能量 NRC根据妊娠模型估计，妊娠母猪每天消化能摄入量为25.59～27.87MJ/d，饲料摄入量为1.8～1.96kg/d（饲粮能量含量14.23MJ/kg）。中国肉脂型猪饲养标准建议妊娠母猪前期为17.57～23.43MJ/d，饲料摄入量为1.5～2.0kg/d（饲粮能量含量为11.72MJ/kg）；妊娠后期为23.43～29.29MJ/d，饲料摄入量为2.0～2.5kg/d（饲粮能量含量11.72MJ/kg）。

（2）蛋白质与氨基酸 NRC推荐妊娠母猪日粮的粗蛋白质为12%～12.9%、赖氨酸为0.52%～0.58%；我国猪饲养标准推荐日粮粗蛋白质为11%～12%、赖氨酸为

0.35%～0.36%、日采食量为 1.8～2.5kg。

（3）**矿物质与维生素** 妊娠母猪对钙、磷的生理需要量随胎儿生长而增加，至妊娠后期达最大值。为维持动物的正常繁殖机能，还应考虑钙、磷比例。谷物-豆饼型饲粮，建议钙、磷比为（1～1.5）∶1。妊娠前期需钙10～12g/d、磷 8～10g/d，妊娠后期需钙 13～15g/d、磷10～12g/d。饲料中食盐为 0.3%，补充钠和氯。

妊娠母猪饲粮中需要有充足的微量元素，特别是锰、锌、硒、铜等，维生素需要量标准中的数值为最低需要量，实践中添加量往往高于推荐量，特别是维生素 A、维生素 E、生物素、维生素 B_1、维生素 B_2、维生素 B_6、叶酸等。

4. 泌乳母猪的营养需要

（1）**能量** 母猪泌乳期间物质代谢强，不限制饲喂。NRC 根据泌乳模型估计，每天消化能摄入量为 48.68～91.06MJ/d，饲料摄入量为 3.56～6.40kg/d（饲粮能量含量 14.23MJ/kg）。中国肉脂型猪的饲养标准建议为58.24～64.31MJ/d，饲料摄入量为 4.8～5.3kg/d（饲粮能量含量 12.13MJ/kg）。高能水平和补饲可促使母猪发情。

（2）**蛋白质与氨基酸** NRC 推荐泌乳母猪日粮的粗蛋白质为 16.3%～19.2%、赖氨酸为 0.82%～1.03%。中国猪饲养标准推荐日粮粗蛋白质水平为 14%、赖氨酸为0.50%、日采食量 4.8～5.3kg。

（3）**矿物质与维生素** 矿物质中钙和磷对泌乳母猪

特别重要。母乳中约含钙 0.21%、磷 0.15%，钙磷比为 1.41：1。钙、磷不足或比例不当，影响产奶量。NRC 规定，泌乳母猪需钙 0.75%、总磷 0.60%。这是根据母猪每天至少采食 5～6kg 饲粮计算而来。采食量低于这一水平时，钙、磷比例应相应提高。中国猪饲养标准规定，一头中等体重（150～180kg）泌乳母猪，每天需钙 32.9g、磷 22.4g，或日粮的 0.63% 和 0.43%（采食量不低于 5.2kg）。泌乳母猪食盐需要量中国标准规定为日粮的 0.44%，略低于 NRC 推荐量。母猪饲粮中需要有充足的微量元素，特别是锰、锌、硒、铜等，对保证母猪繁殖性能很重要。实践中，维生素添加量往往高于推荐量。

5. 仔猪的营养需要

（1）能量 哺乳期仔猪的能量需要从母乳和补料中得到满足，随着仔猪日龄和体重的增加，母乳能量满足程度下降，差额部分由补料满足。为满足仔猪的能量需要，补料中能量浓度一般应在 13.81～15.06MJ/kg。

（2）蛋白质与氨基酸 近年来随着猪的遗传改良和早期隔离断奶技术的发展以及环境控制程度的提高，仔猪所需蛋白质与氨基酸水平也发生相应的变化。由于仔猪胃肠道尚未发育成熟，生产中蛋白质的需要除考虑蛋白质水平外，还应考虑必需氨基酸的含量及其比例。

（3）赖氨酸 5kg 仔猪需要量为 1.45%，随体重的增加，赖氨酸需要量显著减少。从 5kg 起体重每增长 1kg，日粮赖氨酸水平减少 0.026%。

（4）蛋氨酸 当添加结晶赖氨酸后或采用赖氨酸含

量较高的原料配制日粮（如血粉或血浆粉）时，蛋氨酸就成为第一限制性氨基酸。当日粮中的蛋氨酸用与赖氨酸需要（分别为 1.50％、1.35％和 1.15％）之比表示时，其比例分别为 26.7％、25.9％和 26.1％；蛋氨酸＋胱氨酸的需要分别是 0.86％、0.76％和 0.65％。

（5）**苏氨酸** 苏氨酸一般是猪日粮中第二或第三限制性氨基酸，3～5kg、5～10kg 和 10～20kg 仔猪日粮总的苏氨酸需要分别为 0.98％、0.86％和 0.74％。

（6）**色氨酸** 3～5kg、5～10kg 和 10～20kg 仔猪日粮总色氨酸需要量分别为 0.27％、0.24％和 0.21％。

（7）**矿物质和维生素** 仔猪至少需要 13 种矿物元素，其中常量矿物质主要有钙、铁、磷、钠、氯和钾。仔猪维生素需要量标准中的数值为最低需要量，实践中添加量往往高于推荐量。

6. 生长育肥猪的营养需要

（1）**能量** 能量浓度影响猪的采食量。在一定的范围内，能量浓度提高，采食量降低；能量浓度降低，采食量提高。20～50kg 生长猪，需采食 1.8～2.0kg 日粮、摄入 30.12～31.8MJ 消化能，才能充分发挥其生长潜力。

（2）**蛋白质和氨基酸** 生长育肥猪的蛋白质需要可依据饲养试验和氮平衡试验等方法确定。随着生长育肥猪月龄（或体重）的增加，所需粗蛋白质相对减少，瘦肉型生长育肥猪比肉脂型猪所需蛋白质多。生长育肥猪有 10 种必需氨基酸。饲粮中氨基酸比例适当时可以降低总氨基酸的供给量。

（3）**矿物质和维生素** 生长育肥猪最少需要 13 种矿物质元素，包括钙、磷、钠、氧、钾、铁、硫 7 种常量元素和铁、铜、锌、锰、碘、硒 6 种微量元素，此外还需要钴合成维生素 B_{12}。生长育肥猪维生素需要量标准中的数值为最低需要量，实践中添加量往往高于推荐量。

二、猪的饲料配方技术

生产中应按照猪常用饲料成分及营养价值表，选用几种当地生产较多和价格便宜的饲料制成混合饲料，使它所含的养分符合所选定饲养标准规定的各种营养物质的需要，这一过程和步骤称饲粮配合。

1. 饲养标准

饲养标准是根据大量饲养实验结果和动物生产实践的经验总结，对各种特定动物所需要的各种营养物质的定额作出规定，这种系统的营养定额及有关资料统称为饲养标准。简言之，即特定动物系统成套的营养定额就是饲养标准，简称"标准"，主要由序言、研究综述、需要量、饲料营养价值表、典型的饲粮配方和参考文献构成。我国地方猪种一般采用猪营养需要（GB/T 39233—2020），国外种猪一般采用 NRC（2012）。

2. 饲粮配合

（1）**猪饲粮配合原则** 选择饲养标准应根据生产实际情况，并按照猪可能达到的生产水平、健康状况、饲养管理水平、气候变化等适当调整，尽量因地制宜。注意饲料的适口性，避免选用发霉、变质或有毒的饲料原料。总之，配合饲料要注意经济的原则，尽量选用营养丰富、质优价廉的饲料原料。

（2）**猪常用饲料原料**　猪常用能量饲料一般是玉米和麸皮，稻谷、米糠、小麦、大麦、高粱、木薯、甘薯、马铃薯等可代替部分玉米。猪饲粮中的蛋白质饲料主要是豆粕，其他杂粕（菜籽粕、棉籽粕、花生粕等）可代替部分豆粕，但种猪最好不用棉籽粕或菜籽粕，仔猪可使用部分动物性蛋白质原料如鱼粉等。氨基酸不足时可添加人工合成氨基酸。矿物质饲料中含钙饲料主要是骨粉，用量 0.5％～2.0％，含磷、钙的饲料主要是骨粉和磷酸氢钙，用量 0.5％～2.5％，食盐用量为 0.25％～0.5％。

（3）**原料质量控制**　测定配合饲料品质的好坏与原料品质关系很大，营养成分参数应来自科研机构发表的饲料成分表，蛋白质饲料的粗蛋白质及矿物质饲料中的钙、磷应以实测值为宜，还应注意饲料原料的水分、发霉变质等情况。

（4）**饲粮配合方法**　饲粮配合常用的方法主要有试差法、对角线法和线性规划法。不同阶段的猪可采用碳氮适配后的低蛋白质日粮配方，原料尽可能地选择我国本地产量丰富的饲料资源，从而促进经济的发展、节约成本、减少排放，实现我国种养良性循环。

想一想

不同生长阶段猪的营养需要有何差异？

做一做

参观你所在地区猪饲料生产厂家，调查猪配合日粮原料种类和配制流程。

第三节 猪的饲养管理技术

一、种公猪的饲养管理

种公猪的饲养管理目标为成功培育种公猪，使其体格和肢蹄强健、性欲旺盛、精液品质良好和性情温顺，能完成配种和受孕任务。与其他家畜相比，种公猪具有精液量大（200mL/次）、精子数多（1.5亿/mL）、交配时间长等特点，需要消耗较多的营养物质，特别是蛋白质。所以，必须给予足够的氨基酸平衡的动物性蛋白质。优秀的种公猪，应从仔猪开始加强饲养管理。种公猪的饲养管理要点如下。

（1）**建立良好的生活制度** 饲喂、采精或配种、运动、刷拭等都应在大体固定的时间内进行，利用条件反射养成规律性的生活习惯，便于管理操作。

（2）**加强种公猪的运动** 运动可以促进食欲、增强体质、避免肥胖、提高性欲和精液品质。坚持让种公猪运动，除在运动场自由运动外，还要进行驱赶运动，上、下午各运动 1 次，每次行程 2km。夏季可在早晚凉爽时进行，冬季可在中午运动 1 次。如果有条件可利用放牧代替运动。

（3）刷拭和修蹄　每天定时刷拭猪体，热天结合淋浴冲洗，可保持皮肤清洁，促进血液循环，少患皮肤病和外寄生虫病。注意保护猪的肢蹄，对不良蹄形进行修蹄。

（4）定期检查精液品质　采用人工授精的公猪精液在每次采精时都要检查精液品质。采用本交的公猪精液每月也要检查 1～2 次。特别是后备公猪开始使用前和由非配种期转入配种期之前，都要检查精液 2～3 次。

（5）防止公猪咬架　公猪好斗，如偶尔相遇就会咬架。公猪咬架时应迅速放出发情母猪将公猪引走，或者用木板将公猪隔离开，也可用水猛冲公猪眼部将其撵走。

（6）防寒防暑　种公猪适宜的环境温度为 18～20℃。冬季猪舍要防寒保温，夏季高温时要防暑降温，防暑降温的措施各地可因地制宜。

（7）利用强度与安全措施　人工采集精液，2 次/周，对于脾气坏的公猪，每半年打一次獠牙。

二、种母猪的饲养管理

1. 妊娠母猪的饲养管理

妊娠母猪饲养管理的中心任务是：保证胎儿能在母体内得到充分的生长发育，防止吸收胎儿、流产和死胎的发生。使母猪每窝生产出数量多、初生体重大、体质健壮和均匀整齐的仔猪。使母猪有适度的膘情和良好的泌乳性能。

（1）妊娠母猪的饲养　母猪妊娠后新陈代谢机能旺盛、饲料利用率提高、蛋白质的合成增强。母猪妊娠期饲料消耗量与哺乳期饲料消耗量呈反比关系。当妊娠期采食量增加，哺乳期采食量就减少，为提高哺乳期母猪采食量和泌乳量，妊娠母猪需限制饲养。

妊娠母猪限制饲养方法如下。单独饲喂法：利用妊娠母猪栏，单独饲喂，最大限度地控制母猪饲料摄入。隔天饲喂法：在一周的3d中，如星期一、三、五，自由采食8h，剩余的4d中，母猪只许饮水，不给饲料。日粮稀释法：即添加高纤维饲料（如苜蓿干草、苜蓿草粉、米糠等）配成大体积日粮，可使母猪经常自由采食。电子母猪饲喂系统：使用电子饲喂站，自动供给每个母猪预定的料量。计算机控制饲喂站，通过母猪的磁性耳标或颈圈上的传感器来识别个体。

（2）妊娠母猪的妊娠诊断　为了缩短母猪的繁殖周期，增加年产仔窝数，需要对配种后的母猪进行早期妊娠诊断。①根据发情周期和妊娠征状诊断：如果母猪配种后约3周没有再出现发情，出现食欲渐增、毛顺发亮、增膘明显、性情温驯、行动稳重、贪睡、尾巴自然下垂、阴户缩成一条线，驱赶时夹着尾巴走路等现象，就可初步判断为妊娠。还要留意"假发情"现象，表现为发情征状不明显，持续时间短，不愿接近公猪，不接受爬跨。采用该方法进行妊娠诊断需要一定的生产经验。②超声波妊娠诊断：利用超声波妊娠诊断仪（B超）对母猪进行腹部扫描，观察胚泡液或心动的变化，这种方法在配种后第28

天时有较高的检出率，可直接观察到胎儿的心动。

（3）**妊娠母猪预产期的推算**　母猪配种时要详细记录配种日期和与配公猪的品种及耳号。认定母猪妊娠后要推算出预产期，做好接产准备。母猪的妊娠期平均为114d。还有妊娠母猪测算盘、母猪分娩监督盘应用于生猪的批次化生产。

2. 分娩母猪的饲养管理

母猪分娩是养猪生产中最繁忙的生产环节，需保证母猪安全产仔、仔猪成活健壮。产仔到断奶采取自由采食的饲喂方式。产前可以饲喂大体积饲料，如麦麸、甜菜渣、优质青绿饲料等，在分娩前 2 天母猪采食量应控制在2.5kg 以内。产房温度控制在 18～20℃，高温天气时应采取降温措施。

（1）**产前准备**　产房要彻底清扫，采用熏蒸消毒。产仔前 1 周妊娠母猪入产房，上产床前将全身冲洗干净。

（2）**母猪临产行为**　母猪在临产前，阴门红肿下垂，尾根两侧出现凹陷，排泄粪尿次数增加，有时可见阴门处有黏液流出，偶尔可看见乳头滴奶现象。

（3）**接产**　母猪分娩的持续时间为 30min～6h，平均约为 2.5h，平均出生间隔为 15～20min。分娩间隔越长，仔猪早期死亡的危险性越大。母猪分娩时一般不需要帮助，但分娩间隔超过 45min 时，就要考虑人工助产。母猪产仔时保持安静的环境，以防止难产，尽量缩短产仔时间。

仔猪出生后先用清洁的毛巾擦去口鼻中的黏液，使仔猪尽快用肺呼吸，然后再擦干全身，如天气较冷立即将仔猪放入保温箱烤干。当仔猪脐带停止波动即可断脐，在距仔猪腹部约 5～6cm 处剪断，断面用 5％的碘酒消毒。仔猪生后应尽快吃到初乳，以得到营养物质和增强抗病力，同时又可加快母猪的产仔速度。

3. 泌乳母猪的饲养管理

（1）泌乳母猪的生理特点　泌乳母猪的日产奶量大约为 7kg。泌乳期总目标是使泌乳母猪采食量增加到最大限度，体重减少最小，以免影响母猪以后的繁殖性能。泌乳母猪不同乳头泌乳量也不相同。一般是靠近胸部前边的几对乳头泌乳量比后边的高。母猪的乳房没有乳池，每次放奶的时间不到 1min。每天的哺乳次数达 20 次以上。

（2）泌乳母猪的饲养　泌乳母猪从分娩当天开始，应提供新鲜饲料供自由采食。母猪一般靠消耗背膘来泌乳，所以泌乳期会减轻体重，要通过适宜的饲养来控制体重的减轻程度。如果母猪在分娩后 10d 不能很好地泌乳，就要检测日粮，特别注意钙和磷的水平。泌乳母猪需要较高能量，可以通过提供高能量日粮来增加能量的摄入。要保证足够的蛋白摄入量，以保证在断奶后及时发情和排卵。在泌乳期如果蛋白质不足，会影响断奶后母猪的发情和受孕，尤其是对于初产母猪。日喂 3～4 次，气候炎热则应更早或更晚饲喂。

（3）泌乳母猪的管理要点：①保持良好的环境。粪便要随时清扫，保持清洁干燥和良好的通风。冬季应注意防寒保温，哺乳母猪产房应有取暖设备，防止贼风侵袭。

在夏季应注意防暑，增设防暑降温设施，防止母猪中暑。②保护母猪的乳房。母猪乳房的发育与仔猪的吸吮有很大关系，特别是头胎母猪，一定要使所有的乳头都能均匀利用，以免未被吸吮利用的乳房发育不好，影响泌乳量。圈栏应平坦，特别是产床要去掉突出的尖物，防止剐伤、剐掉乳头。③保证充足的饮水。母猪哺乳的需水量大，每天达 32L，产房内要提供足够的清洁饮水。④注意观察。要及时观察母猪吃食、粪便、精神状态及仔猪的生长发育，以便判断母猪的健康状态。如有异常及时报告兽医检查原因，采取措施。

4. 空怀母猪的饲养管理

后备母猪配种前 10d 左右和经产母猪从仔猪断奶到发情配种期间称为母猪空怀期。空怀期应保证母猪的能量平衡、缩短非生产天数、使母猪同期发情和增加排卵。

空怀母猪的饲养管理要点：①单栏或小群饲养。单栏饲养活动范围小，母猪后侧饲养公猪，以促进发情。小群饲养可以自由活动，特别是设有舍外运动场的圈舍，运动的范围较大。群饲可促进发情，群内出现发情母猪后，由于爬跨和外激素的刺激，可诱导其他母猪发情，便于观察和发现发情母猪，以及使用试情公猪。②母猪分胎次饲养。初产母猪构成一个独立的危险群体，需要特殊关注。初产母猪没有发情经历，既不熟悉配种舍，也不熟悉身边的经产母猪。初产母猪的产仔数不稳定、断奶发情延迟、对疾病的易感性强。将初产母猪及其后代与经产母猪及其后代分开饲养，能显著提高经产母猪的生产效益和增强经产母猪群对疾病的抵抗力。③及时治疗疾病，做好选择淘汰。随时观察母猪状态，认真检查空怀母猪疾病，使其能正常发情配种。对于繁殖性能下降、体质衰弱无法恢复的母猪要及时淘汰。④及时观察母猪发情。哺乳母猪通常在仔猪断奶后 5～7d 发情，要及时观察，观察方法可以是有经验的饲养人员直接观察，也可以驱赶公猪试情。

三、断奶仔猪的饲养管理

断奶仔猪（或称保育仔猪）是指仔猪断奶后至 70 日龄左右的仔猪。断奶对仔猪是一个应激，不仅对饲料要求相对较高，且须加强饲养管理，以减轻断奶应激带来的损失，尽快恢复生长。断奶仔猪的饲养管理要点如下。

1. 环境

采用全进全出管理，为栏内最小的仔猪调整室温。5～6kg 的仔猪室温应保持在 29～30℃。防止贼风，使空气的流速降到 0.2m/s 以下，检查仔猪的躺卧区，安置舒适的躺板。

2. 圈舍

尽量让大小相同的仔猪断奶，同圈饲养。原窝或 2 窝仔猪为一组，每头 20kg 以下的仔猪需 0.3m^2 的面积。尽量选用网床培育断奶仔猪，使仔猪离开地面，减少冬季地面传导散热的损失，提高饲养温度。粪尿、污水通过漏缝网格漏到粪尿沟内，减少了仔猪接触污染的机会。

3. 饲喂

尽快实行自由采食，饲喂可口日粮（92％以上的可消化率），每 3 头仔猪至少提供一个饲槽位置，保持饲料新鲜和饲槽清洁。确保饮水器清洁。每 6～8 头猪设置 1 个饮水器，水流量至少 250mL/min。保育舍每天至少检查 2 次，检查圈舍的环境温度、料槽与饲喂器。在猪活跃的时候对猪进行观察，通过投料或使用赶猪拍驱赶猪只，让所有的猪都站起来。注意观察猪是否出现患病迹象或行为异常，判断是否对猪进行治疗或将它们转移到疗养栏。

4. 饲养目标

断奶到 20kg 体重的死亡率低于 1%，仔猪的平均日增重 500g，到 8 周龄时平均体重 18kg 以上。

四、生长育肥猪的饲养管理

1. 性别分群饲养

公猪、阉公猪和小母猪的攻击性和性冲动水平不同，如育肥舍内混性别饲养，公猪的攻击性会延迟母猪的生长。分性别饲养时，生长速度快、饲料报酬率高、死亡率低。

2. 饲喂方法

集约化养猪很少利用青绿多汁饲料。青绿饲料容积大、营养浓度低，不利于肉猪的快速增重。全价配合饲料的加工调制一般分为颗粒料、干粉料和湿拌料三种饲料形态。颗粒饲料的增重速度和饲料转化率都比干粉料好。

3. 环境

猪舍的小气候包括温度、湿度、风速、气体、声音等，这些环境因素都会直接影响猪的增重速度、饲料利用率和经济效益。猪舍最佳温度是20℃。当温度降低，猪被迫多吃，采食能量中的大部分将用于产热，而不是产肉。如果温度过高，猪采食量下降。小猪怕冷，大猪怕热。当环境温度高于30℃时，就应采取降温措施，打开排风系统，喷洒凉水或加喂青绿多汁饲料。当舍内温度低时应采取升温措施来保持适宜温度，如提供暖风等。

集约化高密度饲养的生长育肥猪一年四季都需通风换气，但是在冬季必须解决好通风换气与保温的矛盾。密闭式肉猪舍要保持舍内温度15～20℃，相对湿度50%～75%。冬、春、秋空气流速应为0.2m/s，夏季为1.0m/s。每头猪换气量：冬季为45m^3/h，春秋季为55m^3/h，夏季为120m^3/h。

4. 饲养密度

猪只每10kg体重至少应有0.1m^{2}的面积，不同生长阶段每头猪应有的圈养面积（部分漏缝地板）为：<25kg为0.25m^2；25～50kg为0.50m^2；50～75kg为0.70m^2；75～100kg为0.85m^2。在每头猪相同的圈养面积条件下，猪群大小也会影响饲养效果。舍饲条件下，一般为10～20头。采用原窝饲养可以避免咬斗等现象，把来源、体重、体质、性格和吃食等方面相近似的猪合群饲养，体重差异不宜超过2～3kg。合群并圈在夜间进行，要加强管理和调教。

5. 饮水

缺水或长期饮水不足，会使猪的健康受到损害。当猪体内水分减少 8％时，会出现严重的干渴、食欲下降、消化物质作用减缓等症状，并因黏膜的干燥而降低对疾病的抵抗力。水分减少 10％时就会导致严重的代谢失调，水分减少 20％以上时即可引起死亡。高温季节的缺水要比低温时更为严重，需水量是采食风干料的 3～4 倍，即体重的 16％左右。

想一想

不同生理阶段猪的饲养管理有何差异？

做一做

参观你所在地区的养猪场，并调查猪的饲养流程。

第五章

现代科学养牛技术

第一节 牛的类型及品种

按照动物分类学方法，牛属于脊椎动物亚门、哺乳纲、偶蹄目、反刍亚目、洞角科、牛亚科。牛亚科是一个庞大的分类学集群，现存的物种有13种之多。人们驯养的牛属于牛亚科中的牛属和水牛属。牛属包括家牛、瘤牛和牦牛。

按照经济用途分类，牛可以分为乳用型牛、肉用型牛和兼用型牛。世界上的奶牛品种不多，主要有普通牛种的荷斯坦牛、娟姗牛、更赛牛、爱尔夏牛，和水牛属的摩拉水牛和尼里-拉菲水牛。肉牛的品种较多，按来源、体型大小和产肉性能可分为中、小型早熟品种，大型品种，瘤牛及含瘤牛血液的品种。兼用型牛品种有乳肉兼用、肉乳兼用、肉役兼用牛等品种。中国地方优良品种黄牛不属于现代养牛生产的专门化品种，却是中国发展现代养牛业的基础。

一、奶牛品种

1. 荷斯坦牛

荷斯坦牛（图 5-1）也称荷斯坦-弗里生牛或荷兰牛，

因毛色为黑白相间的花块，故又称黑白花牛。原产于荷兰北部的北荷兰省和西弗里生省，其后代分布到荷兰全国和德国的荷尔斯泰因州。早在 19 世纪中叶我国已引进荷斯坦牛，随后多次从荷兰、日本、加拿大、美国引进荷斯坦牛。各种类型的荷斯坦牛在我国经过长期驯化、选育，特别是与各地黄牛进行杂交，逐渐形成了现在的中国荷斯坦牛。中国荷斯坦牛原名中国黑白花奶牛，1987 年通过国家品种鉴定验收，1992 年更名为中国荷斯坦牛。

图 5-1 荷斯坦牛

荷斯坦牛具有明显的乳用特征。毛色多呈黑白花，花片分明。体格高大，结构匀称。有角，多数由两侧向前向内弯曲，角体淡黄或灰白色，角尖黑色。乳房附着良好，质地柔软，乳静脉明显，乳头庞大、侧望呈楔形。成年公牛体高 150～175cm，体重 900～1200kg；成年母牛体高135～155cm，体重 650～750kg。

荷斯坦牛产奶量为乳牛品种中最高的。据统计，2016年美国荷斯坦牛平均产奶量达 10328kg，部分农场年平均产奶量能够达到 14000kg。中国荷斯坦牛产奶量略低。据对近 8000 头饲养管理条件良好、遗传基础优秀的头胎母牛产奶性能的调查，中国荷斯坦牛 305d 泌乳量为 7965kg±1398kg，乳脂率 3.81％±0.57％，乳蛋白率 3.15％±0.39％。不过在饲养条件较好、育种水平较高的规模奶牛场，全群平均产乳量已超过 8000kg，部分已经超过 10000kg。

2. 娟珊牛

娟珊牛（图 5-2）原产于英吉利海峡南端的娟姗岛，是一种古老的小型乳用品种，体格小，轮廓清晰，头小而轻，背腰平直，腹围大，乳房发育匀称，乳静脉粗大而弯曲，乳头略小。被毛以浅褐色居多，鼻镜及舌为黑色。嘴、眼周围有浅色毛环。尾帚为黑色。成年公牛活重为 650～750kg，母牛为 340～450kg。娟珊牛一般年平均产奶量在 3500～4000kg，其所产奶乳质浓厚，乳脂率高，平均乳脂率为 5.5％～6.0％，乳脂呈黄色，风味好，适于制作黄油。

图 5-2　娟珊牛

二、肉牛品种

1. 夏洛来牛

夏洛来牛（图5-3）原产于法国夏洛来省，是一种大型肉牛品种，体格大，头小而短宽，胸宽深，腰宽背直，臀部丰满，全身肌肉发达，体躯呈圆筒形，常有"双肌"特征。毛色为乳白色或浅乳黄色。成年公牛活重为1100～1200kg，成年母牛活重为700～800kg。夏洛来牛以生长速度快、瘦肉产量高著称，平均屠宰率为65%～68%，胴体产肉率为80%～85%，净肉率54%以上。在我国，利用夏洛来牛与地方黄牛品种杂交选育，育成了肉牛新品种夏南牛和辽育白牛。

图5-3　夏洛来牛

2. 安格斯牛

安格斯牛（图5-4）原产于英国苏格兰北部的阿伯丁和安格斯地区，全称阿伯丁-安格斯牛。安格斯牛无角，被毛以黑色居多，也有红色。体格低矮，体质紧凑，头小而方，额宽，背腰平直，全身肌肉丰满，体躯呈圆筒形。成年公牛体重 $700\sim900kg$，母牛体重 $500\sim600kg$。安格斯牛增重性能良好，胴体品质好，净肉率高，大理石花纹明显，屠宰率 $60\%\sim65\%$，牛肉嫩度和风味很好，素有"贵族牛肉"之称。

图 5-4　安格斯牛

3. 利木赞牛

利木赞牛（图 5-5）原产于法国中部高原地区，分布在上维埃纳、克勒兹和科留兹等地。利木赞牛被毛以红黄色为主，口鼻周围、眼圈周围、四肢内侧及尾帚毛色较浅。角细，白色。头短额宽，体躯长，四肢较细，胸宽而深，全身肌肉丰满。成牛公牛体重 $950\sim1200kg$，母牛 $600\sim800kg$。利木赞牛是常用的杂交父本品种，在我国黄牛改良中是占第 3 位的牛种。我国利用该牛与延边黄牛杂交，育成了肉牛新品种延黄牛。

图 5-5　利木赞牛

三、兼用品种

兼用牛品种是指具有两种或两种以上主要用途的品种，通常指乳肉或肉乳兼用品种。世界著名的乳肉兼用品种有西门塔尔牛（图 5-6）、瑞士褐牛、丹麦红牛、短角牛等。

图 5-6　西门塔尔牛

西门塔尔牛原产于瑞士西部的阿尔卑斯山区的河谷地

带，主要产地是伯尔尼州的西门塔尔平原和萨能平原。西门塔尔牛毛色多为黄白花或淡红白花色，头、胸、腹下、四肢、尾扫多为白色。体格高大，胸深，腰宽，体长，尻部平直，肌肉丰满，体躯呈圆筒状，乳房发育中等。成年公牛体重 1100～1300kg，母牛 670～800kg。西门塔尔牛肉用、乳用性能均佳，平均产乳量 4000kg 以上，乳脂率 4%左右。公牛经育肥后，屠宰率可以达到 65%。在半育肥状态下，一般母牛的屠宰率为 53%～55%。胴体瘦肉多，脂肪少，且分布均匀。

四、中国黄牛

中国黄牛是我国固有的、长期以役用为主的黄牛群体的总称，泛指我国除水牛、牦牛之外的所有家养牛。毛色以黄褐色为主，也有深红、浅红、黑、黄白等毛色。根据《中国畜禽遗传资源志·牛志》的记载，我国有地方黄牛品种 53 个，分布于全国各地。

1. 秦川牛

秦川牛（图 5-7）产于陕西省渭河流域关中平原地区，因"八百里秦川"而得名。秦川牛毛色以紫红和红色为主，体质结实，结构匀称，肌肉丰满，公牛头大额宽，母牛头清秀。成年公牛体重 600kg 左右，成年母牛 400kg 左右。在中等饲养水平条件下，屠宰率 58%左右，净肉率 50%左右，胴体产肉率 86.65%。秦川牛适应性好，性情温顺，耐粗饲，部分省份引入秦川牛公牛改良本地黄牛，效果良好。

图 5-7　秦川牛

2. 南阳牛

南阳牛（图 5-8）产于河南省南阳地区白河和唐河流域的平原地区，毛色以黄色为主，也有红色和草白色。南阳牛体格高大，结构匀称，肌肉丰满，胸深，背腰平直，中后躯发育良好，公牛以萝卜头角为主，母牛角较细，鼻镜多为肉红色，其中部分带有黑点。18 月龄公牛育肥平均体重可达 441.7kg，屠宰率达 55.6%，净肉率 46.6%。3～5 岁阉牛在强度育肥后，屠宰率 64.5%，净肉率56.8%。

图 5-8　南阳牛

3. 鲁西牛

鲁西牛（图 5-9）产于山东省西南部的菏泽、济宁地区，毛色以黄色为主，多数牛有完全或不完全的"三粉特征"（眼圈、口轮和腹下至股内侧呈粉色或毛色较浅）。鲁西牛体质粗壮，结构匀称，公牛头短而宽，角较粗，鬐甲高，垂皮发达。母牛头稍窄而长，颈细长，垂皮小，后躯宽阔。成年公牛体重 500～650kg，成年母牛体重 350～450kg。18 月龄平均屠宰率 57.2%，净肉率 49%。

图 5-9　鲁西牛

4. 晋南牛

晋南牛（图 5-10）产于山西省南部汾河下游的晋南盆地，毛色以枣红色为主，鼻镜为粉红色。公牛角粗圆，颈较粗短，肩峰不明显，肌肉发育良好。母牛角多为扁形，头清秀，乳房发育不足。一般育肥条件下，16～24 月龄屠宰率为 50%～58%，净肉率为 40%～50%。强度育肥条件下，屠宰率和净肉率分别是 59%～63% 和 49%～53%。

图 5-10   晋南牛

5. 延边牛

延边牛（图 5-11）产于吉林省延边朝鲜族自治州，分布于吉林、辽宁及黑龙江等省。延边牛被毛长而柔软，毛色多为深浅不同的黄色。公牛头方额宽，角基粗大，角形如倒"八"字形，前躯发育比后躯好，颈短，颈部隆起。母牛头大小适中，角细长，多为龙门角。产肉性能好，肉质细腻，公牛经 180d 育肥，胴体重 265.8kg，屠宰率 57.7%，净肉率 47.2%。

图 5-11   延边牛

想一想

为什么中国没有形成优良的肉牛或者奶牛品种？

做一做

1. 调查当地的牛的种类和品种，观察他们在外貌特征上有哪些特点。

2. 利用网络和图书资料，查阅中国的水牛和牦牛品种特点和分布。

第二节　牛的营养需要与饲料配方技术

牛的营养需要主要包括蛋白质需要，能量需要，干物质和粗纤维需要，钙、磷、镁及食盐需要，维生素和微量元素需要。牛对各种营养物质的需要量是由动物营养学家通过大量的科学研究得出的，是合理配置日粮的依据。

一、奶牛的营养需要

1. 水的需要

水是一种非常重要的必需营养成分。当体内失水5％时，食欲减退，失水10％时代谢过程受到破坏，失水20％引起死亡。干奶母牛每天需饮水34～49L，日产奶量

22kg 左右的泌乳牛每天需饮水 87～102L，日产奶量 45kg 左右的高产奶牛每天需饮水 132～155L。有条件的养牛场可以安装自动饮水器，让牛随时饮水。

2. 干物质采食量

干物质采食量是奶牛配合日粮中的一个重要指标，其个体差异较大，受到体重、产奶量、泌乳阶段、饲料类型、气温变化、日粮含水量、饲料加工等因素的影响，其中体重是主要因素。根据我国奶牛饲养标准（2004），泌乳牛干物质采食量可根据以下公式计算：

干物质进食量（kg）$=0.062W^{0.75}+0.40y$（适用于精粗料比 60：40 的日粮）

干物质进食量（kg）$=0.062W^{0.75}+0.45y$（适用于精粗料比 45：55 的日粮）

式中，W 为牛的体重（kg）；y 为含脂 4% 的标准乳量（kg）。

另外也可通过体重对适宜干物质采食量进行估计，泌乳期奶牛干物质采食量应占体重的比例为 3.0%～3.5%，干乳期奶牛干物质采食量应占体重 1.8%～2.2%，围产期奶牛干物质采食量应占体重 2.0%～2.5%。

3. 能量需要

能量是所有营养物质的基础，能量不足将影响其他营养物质的利用率。我国奶牛的能量需要采用产奶净能体系，即将产奶、维持、增重、妊娠和生长所需的能量统一用产奶净能来表示。成年泌乳奶牛的能量需要主要包括维持、产奶和妊娠后期的能量需要。在中等温度拴系饲养条件下，奶牛的维持能量需要为 $0.356W^{0.75}$。产奶的能量需要可按如下回归公式计算：每千克奶的能量（MJ）= $0.75+0.388×$乳脂率（%）$+0.164×$乳蛋白率（%）$+0.055×$乳糖率（%）。妊娠 6、7、8、9 个月时，每天在维持基础上增加 4.184、7.112、12.552 和 20.92MJ 产奶净能。

4. 蛋白质需要

蛋白质是生物的物质基础，是构成组织、维持代谢、生长、繁殖、泌乳和抵抗疾病所必需的营养物质。奶牛的维持粗蛋白质需要为 $0.3W^{0.75}$（g）；产奶的可消化粗蛋白需要量为牛奶的蛋白量/0.60；妊娠 6、7、8、9 个月时，每天在维持基础上增加 50、84、132、194g 蛋白质。

5. 钙、磷和食盐需要

矿物质是构成骨骼和牙齿的主要成分，而且矿物质还参与了体内各种代谢过程。奶牛每天从牛奶中排出大量的钙、磷。泌乳母牛钙和磷的维持需要量分别为每 100kg 体重 6g 和 4.5g，钙和磷需要量分别为每千克标准乳 4.5g 和 3g，钙磷比例以（2:1）～（3:1）为宜。

食盐用于满足奶牛对钠和氯的需要，泌乳母牛食盐的维持需要量为每 100kg 体重 3g，食盐的产奶需要量为每千克标准乳 1.2g。泌乳牛对食盐的最大耐受量为不超过总干物质进食量的 4%。

6. 维生素的需要

泌乳母牛维生素 A、维生素 D 的维持需要量分别为 100kg 体重 7600IU、3000IU。维生素 A、维生素 D 产奶需要量均为每千克标准乳 1930IU。成年牛维生素 E 的需要量为 15～16IU。多数情况下，成年牛可以从饲料中获得足够的维生素 E，无需额外补充。

二、肉牛的营养需要

1. 水的需要

水占肉牛体重的 65％左右，一头育肥牛一天需要饮水 50～80kg。

2. 干物质采食量

肉牛的干物质进食量一般为其体重的 1.4％～2.7％，生长育肥牛也可采用以下公式对干物质进食量进行计算：干物质进食量 $= 0.062W^{0.75} + （1.5296 + 0.00371W）\times \Delta W$，式中 ΔW 为日增重（kg）。

3. 能量需要

牛所需要的能量主要来源于饲料中的碳水化合物、脂肪和蛋白质，肉牛能量需求统一以综合净能表示。生长育肥牛的能量需要较高，由维持净能和增殖净能组成。

维持净能计算公式为：$NEm（kJ）= 322W^{0.75}$，式中 W 为牛的体重（kg）。

增加净能计算公式为：增重净能（kJ）$= ［\Delta W \times （2092 + 25.1W）］/ （1 - 0.3 \times \Delta W）$，式中 ΔW 为日增重（kg），W 为牛的体重（kg）。

4. 蛋白质需要

根据我国肉牛的饲养标准，肉牛维持粗蛋白需要

$(g) = 5.43W^{0.75}$；肉牛增重的蛋白质沉积（g/d）＝$\Delta W \times$（$168.07 - 0.16869W$）＋$0.0001633W^{2}$）$\times$（$1.12 -$ $0.1233 \times \Delta W$）。

5. 钙、磷和食盐需要

肉牛钙需要量（g/d）＝〔$0.0154W$＋$0.071 \times$日增重的蛋白质（g）＋$1.23 \times$日产奶量（kg）＋$0.0137 \times$日胎儿生长（g）〕/0.5。

肉牛磷需要量（g/d）＝〔$0.028W$＋$0.039 \times$日增重的蛋白质（g）＋$0.95 \times$日产奶量（kg）＋$0.0076 \times$日胎儿生长（g）〕/0.85。

肉牛的食盐供给量一般占日粮干物质的 0.3%。

6. 维生素的需要

一般情况下，成年肉牛仅需要补充维生素 A、维生素 D。生长育肥牛维生素 A、维生素 D、维生素 E 的需要量分别为 2200IU、275IU（每千克饲料干物质含量）。正常日粮中不缺乏维生素 E，成年牛需要量为 15～16IU（每千克饲料干物质含量）。

三、饲料配方技术

传统"拴系式"饲养奶牛的饲料供给通常是精料、粗料分开，定时定量饲喂，采用"先粗后精""先干后湿"和"先喂后饮"的饲养模式。目前养牛生产中的饲料供给正向全混合日粮（TMR）饲喂模式转变，这不仅克服了传统饲喂方式优质粗饲料不足、奶牛挑食、采食量和营养水平达不到日粮设计要求等方面的弊病，也便于实现饲喂过程的机械化、现代化,提高生产效率。

全混合日粮是指根据牛的不同生理阶段和不同生产水平对各种营养成分的需要量,将多种饲料原料和添加剂按照规定的加工工艺配制成均匀一致、营养完全的饲料产品。主要由粗饲料(秸秆、干草、青贮饲料等)、精饲料(能量饲料、蛋白质饲料)、矿物质饲料以及各种饲料添加剂组成。

牛的饲料配置应当遵循以下原则:①科学性和先进性。饲料配制应当根据不同牛品种、不同生理阶段、不同饲养水平和适宜的饲养标准。②实用性和经济性。设计饲料配方不但要满足牛对各种营养物质的需求,还要将饲料原料成本降至最低限度,并且饲料原料的选择应当因地制宜、因时而异,充分利用当地饲料资源。③安全性和合法性。饲料安全不止关系到牛的安全和健康,还直接影响人类的安全和健康。禁止使用发霉、变质、酸败等不合格饲料原料,禁止使用国家明令禁止使用的饲料添加剂,比如部分抗生素、激素和瘦肉精等。④稳定性和灵活性。设计日粮配方应当考虑在一定时间内保持稳定,如需调整配方,应当循序渐进。

设计配方时,首先需要明确设计目标。不同牛品种所用的饲料配方有一定的差异,同一品种不同生理阶段的饲料配方差异也很大,而且还要兼顾配方的价格和牛生产性能的平衡。其次,配方设计需要确定营养需要量。营养需要量需以饲养标准为依据,我国的奶牛和肉牛饲养标准是根据我国普遍的生产条件,在中立温度、舍饲和无应激环境下制定的,所以在实际生产中,需要根据牛的品种、生产性能、气候条件等因素做出适当的调整。日粮配方设计原料的选择也很重要，应当尽量选择来源充足、价格低廉、供应稳定且营养丰富的原料，从而达到降低饲料成本的目的。最后对以上信息进行综合处理，形成日粮配方，可以采用手工计算，也可以使用 Excel 或者专门的配方软件进行计算。在饲料根据配方配置完成后，还需要对日粮的质量进行评价，确定是否达到了设计要求。

想一想

1. 为什么牛可以消化利用各种草料？
2. 营养物质需要量是如何得出来的？

做一做

1. 调查当地牛场的饲料使用情况。
2. 利用网络和图书馆资料查阅目前饲料添加剂的使用情况。

第三节　牛的饲养管理技术

一、奶牛的饲养管理

1. 犊牛的饲养管理

犊牛一般是指出生到 6 月龄的牛。犊牛阶段为的生理机能处于急剧变化的阶段，经历由不反刍到反刍的巨大生理环境的转变，抵抗力低，易患病，死亡率高。犊牛的饲养管理方式和营养水平直接关系到未来奶牛的产奶性能。该阶段的主要任务是：①尽早吃到足够的初乳，提高犊牛成活率；②适时断奶，初级肠道发育，降低饲养成本；③断奶后采用科学方法饲养，培育健康合格的后备牛。

犊牛出生后应清除口腔及鼻孔内的黏液以免妨碍呼吸，造成犊牛的窒息或死亡。其次是用干草或干抹布擦净犊牛体躯上的黏液，以免犊牛受凉。出生时，如果脐带未扯断，需剪断脐带并消毒，以免发生感染。在犊牛出生后尽快饲喂初乳，24h 内最好饲喂 2～3 次，共 4～6L，以便让犊牛获得足够的免疫力。

犊牛从出生后第二天至断奶前，可使用过渡乳或常乳进行饲喂。日饲喂量一般为出生体重的 10% 左右，每日喂 2～3 次，每次饲喂量 2.0～2.5L。为了确保犊牛消化良好，应当坚持"五定"和"三不"的原则，即定质、定量、定时、定温、定人，不混群饲养、不喂发酵饲料、不喂冰水。在犊牛出生后 1 周，即开始训练采食精料，出生后 15d 左右训练采食干草，以促进消化系统发育。在犊牛可采食相当于其体重 1% 的犊牛料时，可对犊牛进行断奶。生产实践中一般在 7～8 周龄断奶。

刚出生的犊牛对疾病抵抗力低，应当在干燥、避风、不与其他动物直接接触的单栏内饲养，以降低发病率。管理人员要做到"四勤"，即勤观察、勤填料、勤消毒、勤换褥草，在寒冷季节要做好犊牛的防寒保暖，并且及时进行免疫接种。在 2～5 周龄时可以进行去角，4～5 周龄时可进行副乳头的去除。

2. 青年牛的饲养管理

青年牛是指断奶后至初次产犊的乳用牛。青年牛的抗病力较强，生长发育较快，在饲料供给上应满足其快速生长的需要，避免生长发育受阻，以至影响其终生产奶潜力的发挥。粗饲料以优质干草为好，供给量为其体重的1.2%～2.5%，另外还需在日粮中补充一定数量的精饲料。在母牛妊娠阶段，应当根据母牛体况、胎儿发育阶段调整日粮结构，控制精饲料供给量，防止过肥或者过瘦。在产前2～3周，将怀孕青年牛转群至清洁、干燥的环境饲养。

3. 成母牛的饲养管理

成母牛是指第一次分娩之后的母牛。成母牛的饲养管理可以划分为5个阶段：围产期、泌乳盛期、泌乳中期、泌乳后期和干乳期。

围产期一般指产前2～3周至产后2～3周，这一时期奶牛生理状况发生突然改变，应激较大，干物质采食量减少，同时影响牛的健康。围产期奶牛体质较弱，免疫力差，发病率较高，该阶段奶牛饲养管理以保健为主。奶牛分娩后的2～3周，饲养对成年母牛的健康、整个泌乳期的奶量、牛奶的质量及经济效益都起着决定性的作用。该阶段应当持续增加精料饲喂量，在产犊后7～10d，当每天精料用量达到6～6.5kg时，维持此量。同时需要饲喂优质干草，喂量不低于体重的0.5%。要密切注意奶牛的体温是否正常、瘤胃功能和采食是否正常、粪便中是否有大量的玉米或谷物颗粒，是否为水样或深黑色、环境是否舒适；是否有蹄病（由酸中毒引起）；奶牛不采食时反刍的比例是否低于30%；是否有酮病或真胃移位。如有上述现象，要及时调整饲养方案。

泌乳盛期通常是指围产后期至产后100d。此期牛体质已恢复，乳房软化，消化机能正常，乳腺机能日益旺盛，产乳量增加很快，进入泌乳盛期。泌乳盛期是整个泌乳期的黄金阶段，此阶段产奶量约占全泌乳期产奶量的40%左右。这一阶段需要满足优质粗饲料供给，并且将精饲料和粗饲料比例控制在（55：45）～（65：35）。每天观察记录奶牛采食、反刍、粪便、肢蹄和体况，发现问题及时处理，并且注意做好防暑防寒措施，维护好采食槽、饮水槽、通道、牛床等区域的环境卫生。

泌乳中期指分娩后101～200d这段时间。这个时期奶牛干物质采食量已达到高峰，产奶量开始逐渐下降，奶牛体况逐渐恢复。逐渐减少精料用量，对个体消瘦的牛，精料减少的幅度应慢些。泌乳中期奶牛每月产奶量下降控制在5%～7%。精饲料和粗饲料比例应为（45：55）～（55：45）。

泌乳后期指分娩后201d至干奶。此期处于怀孕后期，产奶量下降幅度较大。食入营养主要用于维持、泌乳、修补体组织、胎儿生长和妊娠沉积等。饲料营养供应根据奶牛膘情加以调整，一般以粗料为主，精、粗料干物质比为（30：70）～（40：60）。

奶牛一般在产犊前60d左右停止挤奶，这段时期即为干乳期。干乳期饲养管理的原则是不能使母牛在此期过肥。干乳期奶牛过肥易导致难产和产奶量下降，过肥的母牛大多数在产后会食欲下降，以致于造成奶牛大量利用体内脂肪，从而易引发酮血症。对于已经恢复体况的干奶牛，营养按在维持基础上再加 3～5kg 标准乳供应。应适当控制精料，每天喂量在 2～3kg，对于个别膘情太差的牛，精料喂量可以增加到 3.5kg，以利于控制胎儿体重；增加优质粗饲料喂量，优质青贮饲料喂量在 10～20kg，优质干草 2～3kg，最好使用禾本科牧草。在整个停奶过程中，精料供应量应根据粗料质量及奶牛体况膘情加以调整，精粗比（35∶65）～（30∶70），精料喂量控制在 3.5～5kg。

二、肉牛的育肥技术

肉牛育肥就是在日粮中的营养成分高于牛本身维持和正常生长发育所需的营养成分的基础上，使多余的营养以脂肪的形式沉积于体内，获得高于正常生长发育的日增重，缩短出栏年龄，达到上市体重。在我国牧区，主要采用草原放牧的方式进行肉牛养殖。而在农区普遍采用秸秆、人工种植牧草和精饲料作为肉牛的主要饲料进行养殖生产。所以根据饲养方式的不同，可将肉牛育肥分为放牧育肥、半舍半牧育肥和舍饲育肥。

放牧育肥是指从犊牛育肥到出栏为止，完全采用草地放牧而不补充任何饲料的饲养方式。这种饲养方式适合于人口较少、土地充足、草地广阔、降雨量充沛、牧草丰盛的牧区和半农半牧区。如果有较大面积的草山草坡可以种植牧草，在夏天青草期除供放牧外，还可保留一部分草地，收割调制青干草或青贮料作为越冬饲用。在牧草丰盛的牧区和半农半牧区肉牛养殖可以采用这种方式，一般自出生到饲养至 18～24 月龄，体重达 400～500kg 便可出栏。

夏季青草期牛群采取放牧为主，适当补充精料的方法，即白天放牧晚上收牧补饲，而在寒冷干旱的枯草期让牛群舍内圈养；这种半集约化的饲养方式称为半舍饲半放牧饲养。采用这种饲养方式，不但可利用最廉价的草地放牧，节约投入支出，而且犊牛断奶后可以低营养过冬，在第二年青草期放牧能获得较理想的补偿增长。此外，采用此种饲养方式，还可在屠宰前有 3～4 月的舍饲育肥，从而达到最佳的育肥效果。

舍饲育肥集约化生产时常用的育肥方式，具有生产快、经济效益高等特点。舍饲饲养能够针对肉牛不同生长阶段、不同生产目的或者不同的健康状况，合理调节饲料喂量和饲喂方法，使牛生长发育均匀，减少饲料浪费。舍饲饲养方式不受气候等自然条件的影响，并且减少了放牧行走带来的营养消耗，提高了饲料转换率，从而缩短饲养周期。但其缺点是投资大，育肥过程中需要较多的精料，育肥成本过高。舍饲育肥又可采用两种方式，即拴饲和群饲。

1. 肉牛的一般饲养原则

饲料合理搭配、混合均匀。饲料种类繁多，通常有精料、粗料、糟渣料、青贮饲料等，可以按照饲料形式分开饲喂，也可以混合拌匀后饲喂。避免牛出现挑食，保证先上槽牛和后上槽牛采食到的饲料基本相同，可以提高牛生长发育的整齐度。

采用湿拌料。饲料最好常年以全株青贮玉米或糟渣饲料做主料。饲喂时将精料、青贮饲料、糟渣饲料及其他饲料按比例称量放在一起搅拌均匀，此时各种饲料的混合物（含水量在 $40\% \sim 50\%$）属半干半湿状，喂牛效果较好。使用干粉状饲料时，由于牛边采食边呼吸，极容易把粉状料吹起，导致牛异物性肺炎的发生。饲喂半干半湿混合料时，要特别注意防止混合料发酵产热。发酵产热后饲料的适口性下降，影响牛的采食量。

饲喂次数。饲喂次数大多数是日喂 $2 \sim 3$ 次，少数实行自由采食。自由采食能满足牛生长发育的营养需要，因此长得快，牛的屠宰率高，出肉多，育肥牛能在较短时间内出栏。采用限制饲养时，牛不能根据自身要求采食饲料，限制了牛的生长发育速度。采用自由采食还是限制饲养，要根据牛场的饲料来源、牛的状况和市场综合考虑。

投料方式。采用少喂勤添，使牛总有不足之感，争食而不厌食或挑剔。但少喂勤添时要注意牛的采食习惯，一般的规律是早上采食量大，因此早上第一次添料要多，太少容易引起牛争料而顶撞斗架；晚上饲养人员休息前，最后一次添料量要多一些，因为牛在夜间也采食。

饲料更换。在牛的饲养过程中，饲料的变更是常常会发生的，但应采取逐渐更换的办法，决不可骤然变更，打乱牛的原有采食习惯，应该有 $3 \sim 5d$ 的过渡期，逐渐让牛适应新更换的饲料。

饮水。水是一种重要的营养成分，常常被人们忽视而影响牛的生长发育。采用自由饮水法最为适宜。不能自由饮水时，日饮水的次数不能少于3次。在南方冬季育肥牛饮水不必加温。

2. 肉牛的一般管理原则

运动。肉牛既要有一定的活动量，又要将其活动限制到一定范围。适当的活动可增强牛的体质，限制牛的活动主要是为了减少能量消耗，便于育肥。在放牧育肥时，也要注意肉牛的采食范围，减少运动量。

去势。2岁前采取公牛育肥，则生长速度快，瘦肉率高，饲料报酬高；2岁以上的公牛，宜去势后育肥，否则不便管理，同时牛肉有膻味，影响胴体品质。

驱虫。一般在犊牛断奶后要进行一次驱虫，之后10～12月再进行一次。每年在春、秋两季和育肥前要驱虫（包括体内和体表寄生虫），并严格清扫和消毒房舍。可选用阿维菌素，一次用药同时清除体内和体表寄生虫，常用驱虫药还有丙硫咪唑等。

刷拭。刷拭可增加牛体血液循环，提高牛的采食量。在饲喂后进行刷拭，从头到尾，先背腰，后股部和四肢，反复刷拭。刷拭必须坚持每日1～2次。

防暑。肉牛的防暑胜于保暖。改变局部环境，如搞好牛舍周围的绿化。在干热气候下，牛舍内喷雾可使舍温降低2～3℃。

消毒。牛只转入牛舍前要对牛舍进行消毒。地面和墙壁可用2%氢氧化钠溶液喷洒消毒；器具可用1%新洁尔灭溶液进行消毒。

定期称重。在肉牛育肥期、每间隔 2 个月对育肥牛称重，以便淘汰育肥效果不明显的个体，保证效益。

想 一 想

1. 中国南方奶牛养殖面临的挑战有哪些？如何解决？

2. 影响肉牛育肥的因素有哪些？如何确定最佳的育肥结束期？

做 一 做

1. 调查当地奶牛场的饲养规模和生产中面临的问题。

2. 利用网络和图书馆资料查阅奶牛和肉牛在我国国民经济中的重要地位。

第六章

现代科学养山羊技术

第一节 山羊的类型及品种

  山羊属于哺乳动物纲、偶蹄目、反刍亚目、牛科、绵羊山羊亚科、山羊属。在人类驯化的动物中，山羊是一类适应性极强、分布范围广的家畜，并且是最早被人类驯化的反刍家畜，它可以为人类提供肉、乳、毛、毛皮和板皮等多种产品，以及提供各种工业原料。在我国许多地方，人们有在秋冬季节用山羊产品滋补养生的习俗，羊肉汤锅系列、烤全羊、山羊奶等日益受到人们的青睐，市场对山羊产品的需求量日益增大。同时，山羊适应性强，耐寒、耐干、耐湿，能充分利用各种自然资源和各种农副产品，能利用草场、草山、草坡、田边和地角。国家已将重庆纳入西南肉羊优势产区，已经启动"三峡库区草食畜牧业发展规划"，将发展草食牲畜饲养业作为安置移民的有效途径。

一、山羊的品种概况

  2000年，全世界有山羊品种570种。我国山羊品种及遗传资源十分丰富，现有山羊品种 70 个，其中地方品种 56 个、培育品种 9 个、引入品种 5 个，且列入《中国羊品种志》的大概有 20 个地方山羊品种、2 个培育品种以及 1 个引入品种。

在山羊的分类上各国略有不同，赵有璋教授提出了现代山羊和绵羊的品种概念及分类。我国山羊品种及遗传资源十分丰富，现代山羊和绵羊主要分为四大类（肉用方向、肉毛兼用方向、毛用方向以及乳用方向），但主要按照其生产用途分为六类：①绒用山羊，以生产羊绒为主，例如辽宁绒山羊、内蒙绒山羊、四川绒山羊、山东绒山羊等。②裘皮和羔皮用羊，例如济宁青羊、忠卫山羊。③肉用山羊，例如波尔山羊、南江黄羊、陕南白山羊、马头山羊、槐山羊等。④奶用山羊，例如关中奶山羊、萨能山羊、河南奶山羊、崂山奶山羊等。⑤毛用山羊，例如安哥拉山羊等。⑥肉乳皮兼用的地方品种，例如新疆山羊、西藏山羊、马头山羊等。

二、肉用山羊品种

羊肉的物理特性和化学特性决定了羊肉的品质。肉用山羊具有生长发育快、繁殖率高、产肉性能好、抗逆性强、适应性广等优点，其肉鲜嫩多汁、氨基酸含量高、味道鲜美，备受人们喜爱。著名的肉用山羊品种如下：

1. 南江黄羊

南江黄羊（图 6-1）于 20 世纪 60 年代开始，以努比亚山羊、成都麻羊为父本，以南江县本地山羊、金堂黑山羊为母本，经过不断的选育培育，于1996年育成，是我国著名的优良肉用山羊品种。该羊被毛呈现黄褐色，面部多呈黑色，自枕部沿背脊有一条黑色毛带，四肢前缘上端生有黑而长的粗毛。南江黄羊公羊和母羊大多数有角，头大耳长脖粗，体格高大，腰背平直，四肢粗壮。被毛多呈现黄褐色，面部有黄褐色条纹，被毛短紧贴皮肤，前胸、肩部和四肢通常被黑而长的黑色被毛覆盖，且多数公羊的背脊至尾根有黑色毛带状被毛覆盖。

图6-1　南江黄羊

母羊6～8月龄、公羊10～12月龄开始发情配种，年产2胎或两年产3胎。该肉用山羊体形好、体格大、生长发育快、肉质好、屠宰率和产肉率高。成年公羊体重57kg，母羊重38～45kg。目前我国很多地方都将其作为主要引种对象。

2. 波尔山羊

波尔山羊（图6-2）是目前世界上公认的优秀肉用山羊品种之一，原产于南非共和国，南非波尔山羊的名称来自于荷兰语"Boer"，意思是农民。波尔山羊真正的起源尚不清楚。1995年，我国开始引进波尔山羊，目前各地均有饲养。波尔山羊眼珠为棕色，耳大下垂，体躯多为白色被毛，头和颈部为浅红色至深红色被毛，并有完全的色素沉着，额端到唇端有一条白色毛带。除耳部以外，种公羊个体的头部两侧至少有直径为10cm的色块，两耳至少有75％为棕红色。

图6-2　波尔山羊

波尔山羊具有强健的头，鼻梁隆起，头颈部以及前肢发达，体躯呈圆桶形，肋部发育张开良好，胸部发达，背部结实宽厚，四肢结实有力。波尔山羊体格大，生长发育快，初生重一般为3～4kg，成年母羊体重60～80kg，成年公羊体重90～130kg。其肉用性能好，胴体瘦肉率高，色泽纯正，膻味小，受消费者青睐，且屠宰率可达60％以上，净肉率达50％。

三、乳用山羊品种（萨能奶山羊）

萨能奶山羊（图 6-3）是世界著名的奶山羊品种之一，原产于瑞士西南部的萨能山谷，现广泛分布在世界各地，现有的奶山羊品种几乎半数以上都程度不同地含有萨能奶山羊的血缘。萨能奶山羊具有乳用家畜特有的楔形体形，体格高大，细致紧凑，后躯发达，头长，面直，耳薄，四肢结实，蹄部呈现蜡黄色。有四长的外形特点，即头长、颈长、躯干长、四肢长。

图 6-3　萨能奶山羊

被毛多为白色或者淡黄色，公、母羊均有须，大多无角或偶尔有短角。胸部宽深，腰背平直，公羊脖颈较粗，母羊脖颈细长。成年公羊体重 75～95kg，体高 90cm；成年母羊体重 55～75kg，体高 75cm。泌乳期在 10 个月左右，以产羔羊后 2～3 月达到最高产奶量，且年产奶量达到 600～1200kg。由于萨能奶山羊具有产奶量高、适应性强、抗病力强、繁殖力强等特点，常常被用于改良当地品种，培育出了不少奶山羊新品种。我国于 1932 年开始引入萨能奶山羊，分布于陕西、四川、黑龙江、甘肃等地，萨能奶山羊对提高地方山羊的产奶量和体尺方面效果显著，并以此为基础培育成功许多新的奶山羊品种，并以其产地命名。

想 一 想

1. 肉用山羊品种南江黄羊的优点？
2. 现代山羊的分类方式和依据？

做 一 做

通过互联网找找绒用山羊的品种，例如内蒙古绒山羊的品种和遗传资源概况。

第二节　山羊的营养需要与饲料配方技术

只有了解和掌握山羊的生活习性和生理特点，在饲养管理中重视，降低患病风险，为山羊提供干净舒适的生活及生长环境，这样才能养好山羊，从而提高养殖效益。

一、山羊的习性

1. 活泼好动，喜爱攀高

山羊性情活泼，行动敏捷，喜爱登高，在绵羊很难爬上去的悬崖陡坡，山羊能行动自如。与绵阳对比，山羊生性机警灵敏，记忆力强，容易训练，绵羊则性情温顺，胆小，反应迟钝，在遭遇危险时，山羊则会联合，有一定的防御能力。在羊舍内，小羊喜欢跳到墙头上甚至跑到屋顶上游走。当高处有它们喜欢吃的野草和树叶时，山羊能将前肢攀在岩石或树干上，后肢直立去采食高处的野草或树叶。

2. 山羊的适应能力强，采食性广

山羊嘴唇薄，面部细长，牙锐，上唇中央有一中央纵沟，运动灵活，下颚门齿向外有一定的倾斜度，能够采食短草和低矮的灌木枝叶等，对叶子的咀嚼能力强，因此山羊有很强的采食能力。山羊喜欢吃短草、树叶和嫩枝，各种牧草秸秆、糠渣藤蔓、蔬菜瓜果等均可喂食。而且与绵羊相比，山羊能够后肢站立，有助于采食高处灌木或乔木的嫩叶。在灌木丛林和短草地以及荒漠地带，山羊都能比绵羊更好地利用草场，甚至在不适于饲养绵羊的地方，山羊也能很好地生长。

3. 合群性强，喜欢干燥环境

相对于牛、猪等家畜来说，羊的群居意识很强，能够通过嗅觉、触觉、听觉等感官来传递信息和危险信号，用以调整和保持群体内活动和优胜秩序。在外出放牧时，通

常来说羊群都是成群采食，个体不会独自远离羊群，若个体走散后，往往鸣叫不安。利用山羊的合群特性可以更加轻松地组织放牧，但需要注意健康的羊合群性较好，长期圈养的羊合群性较差。通常来说，大羊群是由原来熟悉的小羊群融合构成。在羊群体中，大多是由年龄较大、体格健壮、子孙较多的公羊来担任领头羊，但需要注意的是，老弱病羊往往经常掉队或者跟不上群。

山羊喜欢干燥环境，讨厌湿热环境，适于生活在干燥凉爽的山区。若羊舍建在潮湿泥泞的环境中，羊只长期久居则感染各种疾病，如容易患上寄生虫病和脱毛症等，减慢山羊的生长速度。因此，需要在管理上多加注意，保持圈舍干燥通风、排水良好。在雨水较多的南方地区，羊舍内多建成高床或者高架床，以避免潮湿。

4. 嗅觉灵敏，爱清洁，适应能力强

山羊有发达的腺体，嗅觉十分灵敏。羔羊在出生时，母羊依靠嗅觉建立母子关系并识别自己的羔羊。在采食时，依靠嗅觉辨别植物种类或枝叶，优先选择蛋白质多、粗纤维少、没有异味的枝叶采食。采食前，山羊会先用鼻子嗅闻食物，确认食物无异味后再采食。若草料被其他羊只粪尿污染后，羊只便会拒绝采食。因此，在放牧过程中，应注意选择水源清洁的草地进行放行。舍饲时，应将草料放在草架或草筐中，避免污染造成浪费，降低饲养成本。

二、山羊的生理特性

羊属于反刍动物，与单胃动物相比，具有大而结构复

杂的胃。具有 4 个胃，分别是瘤胃、网胃、瓣胃和皱胃。其中因为瘤胃、网胃、瓣胃的胃壁黏膜无腺体又称为前胃，犹如单胃动物胃的无腺区，最后一个皱胃又称为真胃，其胃壁黏膜有腺体，能够分泌胃液，对食物进行化学消化。

1. 反刍

反刍是指山羊采食后，经过初步咀嚼，将草料与唾液混合后吞下，通过反射性逆呕，再将吞入胃内的草料倒回口腔，再次咀嚼吞入瘤胃的这个过程。反刍多发生在吃草之后。山羊稍有休息即开始反刍。

2. 瘤胃微生物消化

瘤胃是反刍动物的第一胃，也是容积最大的胃，能够储藏大量的在短时间内采食的草料，瘤胃也能够通过蠕动，对饲草进行机械消化。瘤胃内存在大量微生物，例如细菌和原虫。瘤胃是迄今已知的降解纤维物质能力最强的"天然发酵罐"。在瘤胃内，摄入的碳水化合物受到多种微生物的作用，发酵、分解，产生挥发性脂肪酸，是机体重要的能量来源。饲料中蛋白质通过瘤胃微生物作用转化成氨基酸、小肽和氨，在一定条件下，瘤胃微生物将这些产物进一步合成为菌体蛋白。同时瘤胃微生物可以合成 B 族维生素和维生素 K，其一部分在瘤胃中被吸收，其余部分在肠道中被吸收利用。

3. 小肠

山羊的肠道长度约为 30m，其中小肠长度约为 26m。胃中食糜进入小肠以后，经过胰液和肠液消化后，分解的营养物质被小肠吸收。

三、山羊的营养需要

　　饲料是养殖业的基础，当前我国饲料工业规模尚不能完全满足各类养殖的需求，对肉用山羊饲料的研究是保证养殖动物获得充分、全面营养的必然趋势。山羊所需的营养物质依靠饲料提供。山羊的营养需要包括维持需要和生产需要，山羊摄入的营养物质，首先满足维持生命的需要，因此，要给山羊提供足够的营养物质，才能获得更好的生产效益。

1. 能量和碳水化合物

　　碳水化合物在山羊的营养需要中具有重要的作用，包括可溶性无氮化合物和粗纤维两类。在山羊瘤胃微生物作用下，碳水化合物转化成挥发性脂肪酸，这些挥发性脂肪酸是山羊的主要能量来源。

2. 蛋白质

　　氨基酸是蛋白质的基本组成单位，是与生命及与各种形式的生命活动紧密联系在一起的物质。若饲料缺乏蛋白质，则会影响机体的健康、生长和繁殖，导致山羊生长缓慢、公羊性欲降低等问题；也会导致山羊精液品质降低、母羊不发情、降低繁殖性能、妊娠期胚胎发育不良等问题。

3. 维生素

　　维生素是人和动物为维持正常的生理功能而必须从食物中获得的一类微量有机物质，在饲料中含量甚微，但作用很大，在机体生长、代谢、发育过程中发挥着重要的作用。维生素的主要作用是调节动物体内各种生理机能的正常进行，参与体内各种物质的代谢。当它缺乏时，体内的新陈代谢就会紊乱，引起各种疾病，导致生长迟缓、停滞和生产力下降。维生素种类繁多，按其溶解度可分为脂溶性维生素和水溶性维生素。脂溶性维生素有维生素 A、维生素 D、维生素 E、维生素 K 等，对于反刍动物来说，由于大多数 B 族维生素都可由瘤胃微生物合成，不易缺乏，但应注意补充维生素 A、维生素 D、维生素 E。因此，山羊在冬春旱季要补充胡萝卜、青干草、青饲料和鲜叶等富含维生素的饲料。

4. 矿物质

矿物质是地壳中自然存在的化合物或天然元素，又称无机盐，也是构成机体组织和维持正常生理功能必需的各种元素的总称。矿物质是机体骨骼、牙齿、血液、体液和乳汁的重要组成部分，且和维生素相似，矿物质也是无法自身产生、合成的，必须由日粮供给。钙和磷是 2 种主要的矿物质，二者在骨的发育和维持以及奶的合成中都很重要，在日粮配方时应给予足够的重视。对于年轻动物来说，钙、磷中任何 1 种或 2 种缺乏都会导致骨骼发育不良或者软骨病。对于处于泌乳期的山羊，乳的合成需要动用骨钙，因此，需要更加重视矿物质营养的需要。

5. 水

水是动物机体的组织和器官的重要组成部分。水的主要功能是运输营养物质、排泄废物、调节体温，也参与体内营养物质的消化吸收，同时促进细胞与组织的化学作用及调节组织的渗透压等。

四、山羊的饲料配方技术

羊是草食性和耐粗粮的动物。在饲喂过程中，饲料的选择和配方是非常重要的。饲料要科学合理地配制，才能满足羊的生长，只有摄入足够的营养，生长速度才会加快。

饲养标准是根据大量饲养实验结果和动物生产实践的经验总结，对各种特定动物所需要的各种营养物质的定额做出的规定。

依据《中华人民共和国农业行业标准——肉羊饲养标准》（NYT 816—2004）可知：饲料配方需要在符合行业标准的同时，依据不同的生理状况、不同性别、年龄、体重和不同的生理状况的山羊选用不同的饲养标准。选用饲料的种类和比例，也需要考虑当地的饲料资源、价格和适口性。尽量选择不同种类的饲料，兼顾羊的生理特点，多选择青绿饲料。结合肉羊生长的需要，合理化优配饲料，最好优先选择当地饲料资源，要选择易于储存、不易发霉的饲料。不同群体的山羊对饲料的要求不同，实际喂量需根据羊的品种、性别、年龄、体重、用途、生理状况等灵活调整。动物处于不同的生理阶段，需要进行不同的调整。例如羔羊不宜喂体积过大或水分含量过高的饲粮；泌乳初期母羊应以优质干草和青草为主，适量多喂精料和多汁饲料。在设计日粮配方时，需要考虑根据科学的营养研究结果和山羊营养需求进行定时定量饲喂，也需要考虑矿物质元素的需要量。

想一想

1. 山羊有哪些习性？
2. 山羊的消化生理特性与猪有什么不同？

做一做

查阅资料，看一看泌乳期的母羊对哪几种营养物质的需要量增大及原因。

第三节　山羊的饲养管理技术

对优质山羊可以通过人工选育的方法将优秀的基因传给后代。通过这种方法大大提高了羊群的质量，使肉用山羊口感更好，种用山羊的遗传力显著提高，还使其被毛更具光泽、产毛量增加。优秀的山羊资源有效提高了生产效益，满足了人们生活各个方面的需求，那么怎样才能使山羊的生长发育按照人类需要的方向发展呢？这就需要我们在养殖过程中应用科学合理的饲养管理技术对山羊进行培育。

一、山羊的饲养方式

山羊是由以前的野山羊驯化而来。山羊是草食动物，生活力极强，嘴尖唇薄，觅食能力很强。山羊既耐寒又耐旱，既耐热又耐湿，适合我国大部分地区养殖。山羊的饲养方式可分为舍饲、半舍饲和放牧。

1. 舍饲方式

舍饲就是指一年四季将山羊养在羊舍里，使山羊完全处于人为管理条件下，减少自然环境变化的影响，并且可按照山羊各个不同阶段的生长发育特点进行饲养管理的饲养方式。圈舍饲养是现代化生产的主要方式，也是改变传统散养方式的发展方向。这种饲养管理方式可节约成本，有利于更好地管理羊群，减少疾病发生，从而提高经济效益。舍饲山羊具有以下优势：一方面由于减少了山羊游走觅食活动，饲草转化成羊肉的比例提高，单位草量能产出更多的羊肉，使山羊生长发育的速度变快，饲养周期缩短一半，提高了山羊的出栏率和日增重；另一方面也促进了植被的恢复，解决林牧矛盾，有利于保护生态环境，维持生态平衡，带动草食动物生产向集约化规模化发展。

2. 半舍饲方式

半舍饲半放牧养殖技术即白天放牧、早晚回舍内补饲优质青干饲料、精饲料的一种放牧方式。实行半舍饲半放牧，不仅可以加速改良羊种，有利于培养高产羊，还可以对养羊户采取统一建舍、统一人工种草，以提高养羊户养羊技术水平，节约开支，提高经济效益。舍饲期主要是指山羊怀孕后期、产羔期、育肥期和冬季不宜放牧期。除此以外应尽量放牧。

3. 全放牧的饲养方式

全放牧是指一年四季以放牧为主的饲养方式，这种饲养方式符合山羊的生活习性。放牧时山羊采食的青绿饲料种类多，容易得到营养，同时增加了运动，受到了日光照射和各种气候的锻炼，有利于羊只的生长发育和健康，也有利于增强羊对疾病的抵抗能力。同时放牧饲养又比较经济，减少了管理费用，降低了生产成本。与舍饲相比较，这种饲养方式可能会引起动物营养不均衡，能量和蛋白质及维生素、矿物质摄入不足。放牧受季节影响较大，在冬季，经常会发生羊只吃不够草料的情况，因此需要采取贮草越冬和补饲精料等措施，实行放牧加补饲的饲养方式。此外，舍饲条件下，舍内环境更容易控制，能够预防因外界环境变化时羊只患病。

二、山羊饲养管理技术

传统的山羊养殖是以放牧为主，这种养殖方式已经不能够适应当前羊养殖向规模化和集约化方向发展，需要改变思路，进行山羊舍饲养殖。这种养殖方式相对传统养殖方式具有很大的优势。舍饲圈养能够有效解决畜草矛盾的问题，而且对于大自然环境起到良好的保护作用，还可以有效促进养殖业、畜牧业的良性发展，增加养殖经济收入。在掌握牛羊生理、生长发育规律的基础上，配制出营养全面的饲料，提高草料转化率，使牛羊可以更好地生长发育。同时，需要注意不同品种、生理阶段、饲料及环境等因素对山羊生长发育所带来的不同影响。

1. 羊舍的建造

山羊采取舍饲养殖对其养殖环境具有很高的要求，通常养殖场应建立在地势较高、向阳且通风良好的地方，还要有良好的水源和供电设施。养殖场应当远离村庄和人员聚集的地方，还要远离一些受污染的区域。尤其是要避免在其他畜禽养殖场周围建造羊舍，这样可以减少传染性疾病的影响。

羊舍要求冬暖夏凉，应有足够面积，使山羊在舍内不太拥挤，可自由活动。羊舍屋顶要完全不透水，排水良好，能耐火耐用，要有一定坡度，以利防水和排水。羊舍地面要高出舍外地面，地面致密、坚实、平整、无裂缝，由里向外应有一定倾斜度，靠外面的低地处应开设排粪沟。门窗要坚固耐用。在羊舍的周围应当建造一定面积的运动场所。运动场通常需要达到羊舍建造面积的 1.5 倍以上，周围栽种树木可以遮阳避风。在运动场上要安装饮水装置，比如饮水槽或饮水器等，使羊群方便饮水。羊场的规划、设计及建筑物的营造绝对不可简单模仿，应根据当地的气候、场的形状、地形地貌、小气候、土质及周边实际情况进行规划和设计。羊舍的基本类型有以下几种：半开放式羊舍、楼式羊舍、塑料薄膜大棚式羊舍、棚舍式羊舍。大型羊场还需要为不同生理阶段的羊建设不同的羊舍，如单身母羊舍、配种室、怀孕母羊舍、产房、带仔母羊舍、种公羊舍、隔离羊舍、兽医室等，其设计、要求和功能都各不相同，基本设施的建设一般都应分期分批进行。

2. 饲料的储备

饲草饲料是舍饲养羊的物质基础。充分提供四季均衡、充足、优质的饲草料才能保证舍饲羊群的物质需要。规模化舍饲养羊需要充足的饲草饲料贮备作保障，可以配套种植优质牧草，确保稳定的青饲料供应来源。同时充分利用丰富的农作物副产品，通过精粗搭配，科学调制成营养全面的优质饲料，以供各类羊群补饲和育肥达到快速增重、迅速育肥、缩短饲养周期的目的。根据不同时期的山羊营养需要，严格控制精粗料比例，并科学混合微量元素等添加剂，实现营养平衡供给。夏秋季节饲草饲料资源丰富，饲料准备容易一些，而对于枯草季节，则需要提前做好准备。可以通过晾晒青干草收获优质农作物秸秆，有条件的养殖场还可以自种植牧草。另外，还需要调制青贮料为枯草季节准备充足的多汁类饲料。青干草的营养价值较高，是通过夏季晾晒牧草得来的，是饲喂绒山羊的优质饲草饲料。而一些农作物秸秆，如玉米秸、稻草等也可以作为饲喂山羊的粗饲料。另外一些蔬菜的茎叶，还有树木的细枝嫩叶也可以用来饲喂山羊。对于玉米秸秆和稻草，因其粗纤维含量高、营养价值较低，可以通过黄贮、氨化、微贮等处理，提高营养价值。另外，南方雨水多、湿度大、温度高，微生物对牧草影响很大。南方制干草成本高，牧草生长高峰期正是多雨季节，含水量多，自然很难干燥。人工干燥成本高，且干草保存体积大，运输不便。

含水量高又极易腐烂，因此青贮是最佳选择。青贮料是饲喂山羊的重要饲料，优质牧草、青贮玉米等都可以用来调制成青贮料，不但营养价值高、适口性好，还可以长期保存。虽然山羊以采食粗饲料为主，但是仍需要饲喂适量的精料，因此，还需要贮备一定量的精料。

3. 不同生理阶段

根据山羊不同生产阶段的生理需求和生产用途的不同进行合理分群饲养管理，便于统一疫病防治，降低成本。一般应将羊群分成种公羊群、母羊群、羔羊群。

（1）种公羊群 种公羊能够提供精液，加强对种公羊的饲养管理，使得种公羊能够产出大量且优质的精液。种公羊的优劣对整个羊群的生产性能和品质高低起决定性作用，要使种公羊常年保持良好的种用体况，体质结实、四肢健壮、膘情适中、精力充沛、性欲旺盛和良好的精液品质，以提高配种效果。在育种前期和繁殖期，应补充蛋白质、矿物质和富含维生素的饲料，如豆粕、菜籽饼、苜蓿草粉、胡萝卜、青绿饲料等。精子的产生需要大量蛋白质，因此，除充足的能量供应外，非繁殖期还应适当补充蛋白质、矿物质和维生素。在繁殖期，每天保持一定的运动时间，远离母羊舍，保持羊舍干净整洁、环境安静。

（2）种母羊群 母羊主要有后备期、妊娠期和哺乳期三个生理阶段。

后备期母羊的饲养管理。配种前，对于母羊要提高饲料补给，为配种、妊娠贮备营养。饲养后备种母羊的关键时期在 4～6 月龄，这个阶段的后备种母羊身体快速发育，需要大量的营养物质，并且对营养要求比较高。8～12 月龄是后备种母羊的过渡期，通常在这时进行限饲，以避免母羊快速长膘、过度肥胖，对繁殖性能产生不良影响。在羊舍中饲养的后备种母羊，8 月龄后要控制饲料供给量，防止后备种母羊早熟。但需要提高日粮蛋白质、限制性氨基酸与维生素等相关添加剂的含量，因为这个时期是后备种母羊生殖系统发育的关键时期，以保障后备种母羊生殖系统发育正常。在配种前，要对种母羊的繁殖性能和生产性能进行严格评估，选择母羊时不仅需要注重外形、泌乳量以及生产性能等方面的要求，还需要注意母羊第一胎时产仔好不好，若到第二胎时产仔依旧较差，就需要将其淘汰，不能再当作后备种母羊使用。

妊娠期母羊的饲养管理。做好母羊妊娠期的饲养管理工作对于山羊的养殖十分重要，可以增加羔羊的初生重、增强羔羊的体质、降低初生羔羊的死亡率。妊娠前期，饲草丰盛时可加紧放牧，若处于枯草期，则需要除放牧外每天额外补给。妊娠后期羔羊增重、生长发育快，这一时期的母羊还要为泌乳期产奶储备营养物质，因此除放牧外还要补喂适量的精料，舍饲时饲喂干草、青贮料和精料。相对于放牧母羊来说，舍饲母羊的流产率低，但是仍需要做好保胎工作。注意母羊的膘情和体况，保持中等偏上水平，以保证胎儿正常生长发育。尤其妊娠后期要加强饲喂，严禁饲喂母羊冰水和发霉饲料。在日常管理过程中还要注意严禁鞭打、惊吓母羊，防止发生流产。母羊在分娩时要做好接产管理工作，产房需要注意卫生、温湿度，避免噪声，尽可能提供清洁干净、温暖舒适、安静的环境。

哺乳期母羊的饲养管理。哺乳前期是羔羊生长发育的关键时期，羔羊生长发育速度很快，然而在这一时期羔羊的营养需要只能由母乳提供，即提高母羊的泌乳量对羔羊的生长发育是十分有利的，因此需要提高母羊饲养标准。通常，母羊留舍饲喂，每天给适口易消化的饲草，增加精饲料比例，提供充足且清洁的饮用水，以满足产乳需要，还需要工作人员每日巡栏时，注意观察母羊的精神状态、粪便、分泌物、乳房和羔羊状态，预防乳腺炎和子宫炎的发生。哺乳后期，母羊泌乳能力渐趋下降，虽加强补饲，也很难达到哺乳前期的泌乳水平。精料按空怀期标准补给，管理上要加强羔羊的补料工作，便于提早断奶，为母羊下次配种做好准备。

（3）羔羊群　羔羊出生后，要尽早吃到初乳。初乳是母羊分娩后 4～7d 内分泌的乳汁。初乳中含有丰富的蛋白质、脂肪、矿物质等营养物质和抗体，对增强羔羊体质、抵御疾病具有重要作用。羔羊胃肠对抗体的吸收能力每小时都在下降，出生 36h 后，就不再吸收完整的带抗体的蛋白质大分子。初乳中还含有较多的溶菌酶，还有 K 抗原凝集素。初乳比常乳中矿物质和脂肪含量高 1 倍，维生素含量高 20 倍。所以，要保证初生羔羊在 30min 内吃上初乳。对母性强的母羊，一般产后就能哺乳羔羊，但初产母羊或护羔行为不强的母羊所产羔羊及初生弱羔，均需人工辅助羔羊吃奶。初生羔羊需要及早补饲，是为了锻炼羔羊的胃肠功能，尽早建立采食行为。羔羊生后 15～20d 时，就应开始训练吃草料。羔羊喜食幼嫩的豆科干草或嫩枝叶，可在羊圈内安装羔羊补饲栏，将切碎的幼嫩干草、胡萝卜放在食槽里任其采食。

4. 饲养品种选择

选择优质品种，建立最佳经济杂交组合是提高舍饲养羊经济效益的一项有效措施。因此，一方面要充分发挥地方品种的资源优势，加强地方品种的选育和提纯复壮，提高群体生产性能，另一方面要引进其他国家优良山羊品种，筛选最佳杂交模式，获取最佳经济效益。

三、山羊疾病防治

舍饲山羊较放牧山羊运动量少，体质通常较差，抗病能力不强，易患病。为了确保山羊的生产性能，需要做好疾病的防治工作。羊病防治必须贯彻预防为主、防重于治的方针，以保证羊健康地生长发育。首先要科学饲喂，保证其摄入充足、全面、合理的营养物质，保证山羊有充足的运动量，以增强体质，促进生长发育和提高抵抗力。保持羊舍的环境卫生，及时清理粪便和其他垃圾，定期消毒。春秋两季是山羊体内外寄生虫的高发季节，要做好驱虫工作，必要的话可在饲料、饮水中加入预防性药物，还要做好药浴和健胃工作。此外，应对羊群定期检疫，重点检疫对象为布鲁氏菌病、口蹄疫、羊瘟、羊疥癣、结核病等疾病。还要按照免疫程序接种相关疫苗，以提高机体的免疫力。

想一想

影响山羊发生疾病的因素。

做一做

查阅相关资料，比较山羊与绵羊饲养管理技术的异同。

第七章

现代科学养家兔技术

第一节　家兔的类型及品种

目前全世界家兔共有 60 多个品种 200 多个品系，每个品种（品系）都各有特点。根据家兔的改良程度可将家兔分为不同的类型。地方品种是在放牧或家养等生产水平较低的情况下，未经严格、系统的人工选择而形成的品种。地方品种的生产性能较低，但具有适应性强、耐粗饲、抗病力强等优点，丰富了家兔种质资源的生物多样性，是培育家兔新品种的珍贵素材。典型代表为福建黄兔、云南花兔、闽西南黑兔等。培育品种是指有明确的育种目标和遗传育种理论的指导，经过系统的人工选择培育成的家兔品种。这类品种集中了特定的优良基因，具有较高的经济价值，但适应性和抗逆性不及地方品种，对饲养管理和营养水平的要求较高。典型代表为新西兰白兔、加利福尼亚兔和伊拉肉兔配套系等。

1. 福建黄兔

福建黄兔是由福建省福州市各县（市）经长期自繁自养和选择而形成的一种地方家兔品种，为小型皮肉兼用兔。福建黄兔全身被毛为深黄或米黄色，背毛粗短，下颌沿腹部到胯部呈白色毛带。头清秀，两耳小而直立，耳端钝圆，眼睛呈棕褐色或黑褐色。身体结构紧凑，背腰平直，四肢强健。成年公兔体重 2.75～2.95kg，成年母兔 2.80～3.00kg。30 日龄个体重 356.49～508.77g，3 月龄体重 1523.7～1769.1g，6 月龄体重 2.817.5～2947.45g。母兔一般年产 5～6 胎，窝产仔数 7～9 只。该兔耐粗饲、抗病力强，能适应粗放的管理方式，也可放在野外和干地放养。

2. 云南花兔

云南花兔，又称曲靖兔，分布在曲靖、丽江、文山、临沧、昆明、大理等地，是小型皮肉兼用型地方品种。云南花兔体型小，头小呈倒三角形，嘴尖，耳短小直立，部分兔成年后有垂耳。腰短，臀部略下垂、尖削，腹部大小适中，四肢粗短、健壮。该兔有多种毛色，以白色为主，其次是黑色，还有黑白混杂，少数为麻色、草黄色或麻黄色。该兔成年后体重为 2kg 左右。母兔适配年龄为 18 周龄，体重达 2.1kg。公兔的适配年龄为 21 周龄，体重为 2.0kg。母兔年产 7～8 胎，窝产活仔数 7.7 只。该兔适应性广，耐粗饲，抗病力强。

3. 闽西南黑兔

闽西南黑兔又称福建黑兔，在闽西地区俗称上杭乌兔或通贤乌兔，在闽南俗称德化黑兔，2010 年 7 月通过国家畜禽遗传资源委员会鉴定，是小型皮肉兼用型地方品种，主要分布在上杭、长汀、武平、安溪、三明等地。闽西南黑兔头部清秀，大小适中，耳短厚直立，眼睛呈暗蓝色。

体型小，结构紧凑，背腰平直，四肢健壮有力。大多数西南黑兔乌黑发亮，脚底毛呈灰白色，少数兔鼻端或额部有点状或条状白毛。成年公母兔平均体重 2.2～2.3kg，母兔 5～5.5 月龄、公兔 5.5～6 月龄适配。年产 5～6 胎，平均胎产仔数 5.87 只。该兔耐粗饲、适应性广、肉质好。

4. 豫丰黄兔

豫丰黄兔是由太行山兔与比利时兔杂交选育而成，2009 年 3 月通过国家畜禽遗传资源委员会认定，属中型皮肉兼用型品种。豫丰黄兔头大小适中，耳薄直立，耳端钝，眼圈白色，眼球黑色。胸深，背腰平直，臀部丰满，四肢强健有力。全身被毛黄色，腹部被毛白色，有些腹股沟有黄毛斑块，也有棕黄色、黑色、微黄色、红色等不同个体。成年兔体重 4.5～5.0kg，6 月龄适配，年产 5～6 胎，平均窝产仔数为 9.82 只。该兔适应性强、耐粗饲、抗病力强，产肉性能好。

5. 新西兰白兔

新西兰兔是由美国巨型白兔和安哥拉兔等杂交选育而成，是近代最著名的肉兔优良品种之一，有白、黄和棕色等三种毛色，但最常见的是白色。新西兰白兔的背毛纯白，眼睛呈粉红色，头宽圆，嘴钝圆，颈部粗短，耳宽厚而直立，臀部丰满，腰肋部肌肉发达，四肢粗壮有力，具有肉用品种的典型特征。母兔最佳的配种年龄 5～6 月龄，繁殖力强，一般年产 6～7 窝，胎产仔数为 7～9 只，年出栏商品肉兔可达 40 只以上。新西兰白兔的适应性及抗病力均较强，早期生长速度快，饲料利用率较高。

6. 加利福尼亚兔

加利福尼亚兔原产于美国加利福尼亚州，是将喜马拉雅兔和青紫兰兔杂交后产生的杂交公兔，再与新西兰母兔交配而成，是一个优良的中型肉兔品种。该兔的耳根粗，耳厚宽，眼睛红色，身体紧凑。被毛白色，两耳、鼻端、四肢端部和尾巴为黑色、浅灰黑或棕黑色，故又称"八点黑"。"八点黑"的颜色在年幼时浅、年长时深；夏天色浅，冬天色深。加利福尼亚成年公兔体重 3.6～4.5kg，母兔 3.9～4.8kg。遗传性能稳定、性成熟早、适应性强、繁殖性能好、仔兔成活率高、早期生长快。性情温顺、母性好，是理想的"保姆兔"。

7. 伊拉肉兔配套系

伊拉配套系肉兔是由法国欧洲兔业公司培育，分为A、B、C、D四个各具特色的品系。其制种模式为A系公兔与B系母兔杂交产生父母代公兔，C系公兔与D系母兔杂交产生父母代母兔，父母代再杂交产生商品代肉兔。

想一想

家兔地方品种和培育品种有哪些？

做一做

调查当地家兔的品种。

第二节 家兔的营养需要与饲料配方技术

家兔在生长、繁殖及换毛的过程中，必须从饲料中摄入足够的营养素，才能维持正常的生命活动。在植物和动物体中，这些营养素以化合物的形式存在，包括水、蛋白质、脂肪、碳水化合物、矿物质、维生素等。家兔饲料来源较为广泛，了解各种饲料营养特性，可以科学合理搭配日粮，以满足不同类型兔对营养物质的需要，最大程度地发挥其生产潜力，获得最佳经济效益。

一、家兔饲料原料的种类

1. 青绿多汁饲料

青绿多汁类饲料水分含量 $60\% \sim 90\%$，质地柔软，适口性好，有机物消化率 $60\% \sim 80\%$，富含胡萝卜素、促生长因子和植物激素，对家兔生长、繁殖和泌乳等性能有良好的促进作用。种植栽培牧草既是解决规模化兔生产中饲草资源不足的重要途径，又是降低规模化兔生产成本最为有效的措施之一。适合我国气候特点、品质优良的栽培牧草品种很多，主要有紫花苜蓿、籽粒苋、串叶松香草、黑麦草、墨西哥玉米、苏丹草、苦荬菜等。紫花苜蓿、三叶草和刺槐叶等含有丰富的蛋白质，是兔理想的饲料来源。某些野生牧草和树叶还是廉价的中草药，对兔有防病治病作用，葎草、车前草、鸡脚草等可预防幼兔腹泻；蒲公英、酢酱草、野菊花等可预防母兔乳腺炎。

青刈作物类有青刈地瓜秧、青刈麦苗、玉米收割前采集的青玉米叶等。块根块茎类有胡萝卜、青萝卜、南瓜、西瓜皮等。蔬菜及下脚料有芫荽、卷心菜、韭菜、萝卜缨、莴苣叶等。青绿树叶类有刺槐叶、杨树叶、柳树叶、桑叶等。

2. 粗饲料

粗饲料粗纤维含量高，因种类和采集期不同，粗蛋白和维生素等可利用养分含量差异很大，营养价值也有很大差异。如苜蓿干草粗蛋白含量为12%～26%，槐叶粉为18%～27%，花生秧为8%～12%，大部分野生干草为6%～12%，而玉米秸等秸秆一般仅为3%～5%；现蕾前刈割的紫花苜蓿干物质中粗蛋白含量高达26%，初花期刈割的一般为17%，而盛花期刈割的仅12%左右。干草类有苜蓿干草、羊草、野生干草等，作物秸秆类有晒干的花生秧、地瓜秧、豆秸等，树叶类有晒干的刺槐叶，秋末树上落下的杨树叶、苹果叶、桃树叶等。

3. 蛋白质饲料

蛋白质饲料营养全面，粗蛋白等各种营养物质均较丰富。粗蛋白含量一般为20%～60%，消化率高达70%～90%。植物性蛋白质饲料有大豆、蚕豆等豆类籽实及豆粕（饼）、花生粕（饼）、棉仁粕（饼）、豆腐渣等加工副产品。动物性蛋白质饲料有鱼粉、蚯蚓、蚕蛹等。

4. 能量饲料

能量饲料有效能含量较高，糠麸类饲料消化能含量一

般 为 10.5MJ/kg，禾 本 科 籽 实 类 一 般 为 13.5～15.5MJ/kg，而动植物油类可高达 32.2MJ/kg；粗纤维含量低，含量最高的糠麸类一般为 10% 左右，禾本科籽实一般仅为 1.1%～5.6%，动植物油中不含粗纤维；蛋白质含量较低，含量最高的麦类及其加工副产品一般为 12.0%～15.5%，玉米一般仅为 8.0% 左右。动植物油中不含蛋白质；含磷量较高，含钙较少；含 B 族维生素较多，含胡萝卜素、维生素 D 较少。禾本科籽实常用的主要有玉米、小麦、大麦籽实等。糠麸类有麦麸、小麦次粉等。动植物油类有猪油、棉籽油、菜籽油等。

5. 矿物质饲料

单纯补钙类有石粉、贝壳粉等。钙磷类有骨粉、磷酸氢钙等。食盐用于补充日粮中钠和氯的不足，且有提高食欲等作用。其他矿物质饲料有沸石、麦饭石、稀土等，含钙、磷以及多种微量和稀有元素。

6. 营养性饲料添加剂

饲料添加剂是指为了满足畜禽生产的需要，采用不同方法加入配合饲料中的各种微量成分，达到完善日粮的全价性，从而提高饲料利用率；营养性添加剂是最主要和最常用的添加剂，主要用于平衡日粮营养成分，包括维生素、微量元素和氨基酸。

维生素种类有维生素 A、维生素 D_3、维生素 E、维生素 K、硫胺素、核黄素、吡哆醇、维生素 B_{12}、氯化胆碱、烟酸、泛酸钙、叶酸、生物素以及维生素 C 等。维生素添加量可依据家兔的营养需要添加，同时需考虑日粮组成、环境条件（气温、饲养方式等）、饲料中维生素的利用率、家兔体内维生素的损耗和其他应激的影响。利用维生素制剂作为添加剂时应考虑其稳定性及生物学效价。家兔有发达的盲肠，盲肠微生物能够合成 B 族维生素和维生素 K，肝、肾中可合成维生素 C。家兔每千克日粮干物质中添加量如下：种兔 80mg，生长兔 90mg，育肥兔 100mg。

家兔必需的微量元素有 Mg、Fe、Zn、Mn、Cu、I、Co、Se、Mo、S 等 15 种。一般使用硫酸盐、碳酸盐、氧化物形式，也可使用有机微量元素。在使用时应首先了解常用微量元素的活性、生物学效价（可利用性）、含量等。

二、饲料的配制

1. 日粮结构

家兔为单胃草食动物，肠道的总长度为体长的 10 倍左右，盲肠占整个消化道容积的 49%。粗纤维对维持肠道内环境的稳定具有重要作用，因此家兔的日粮中必须还有一定量的粗纤维。实践证明，家兔的日粮不仅包含精饲料，还可包含粗饲料、青绿饲料。为了提高生产效率，需要合理搭配日粮。在大规模养兔场，可以饲喂全价颗粒饲料。在小规模养兔场，如果条件允许，可在精料的基础上，搭配一定量的青绿饲料或粗饲料，以降低饲料成本。

2. 饲养标准

国内外专家对家兔营养需要做了大量工作，已经编制了家兔饲养营养标准和家兔饲养标准。

3. 饲料的配制原则

家兔一昼夜采食各种饲料的总量称为家兔的日粮。根据饲料中各种有效成分含量和家兔对各种营养物质的需要量，按比例配制的饲料为全价配合饲料。家兔的日粮配制应依据以下原则进行：①符合饲养标准。所配制的日粮，应符合家兔的饲养标准，满足家兔对各种营养物质的需要。②饲料种类多，配合比例适当。饲料种类多，可以相互弥补营养物质的不足。精料在日粮中不少于 3 种，精料与青粗饲料的比例适当，过多或过少都是不合适的。③注意饲料的适口性。家兔能采食各种饲料，但特别喜欢采食多叶性饲草、颗粒饲料和带甜味的饲料。家兔不喜欢食草茎、草根和粉粒很细的饲料，在配合日粮时应注意这些。④考虑家兔采食量配制日粮。为保障营养浓度，容积不宜过大，以防家兔食入的营养物质不足。⑤降低日粮成本。根据当地条件，在满足营养需要的前提下，选择价格便宜的饲料。电脑技术应用于计算日粮配方，只要提供有关数据，就可以设计出比例适当、价格便宜的饲料配方。⑥注意有效性、安全性和无害性在保证营养全价的同时，注意有效性、安全性和无害性，不要用发霉变质和有毒有害的饲料配制日粮。

想一想

家兔饲料类原料的种类有哪些？

做一做

调查并参观当地家兔饲料配制过程。

第三节 肉兔的饲养管理技术

饲养管理是根据家兔的生活习性和生理要求，对家兔进行科学的饲养、规范的管理。正确的饲养管理可使家兔健康生长，延长种兔的使用寿命，增加仔幼兔的成活率、降低发病率，提高饲料利用率。如果饲养管理不当，会造成饲料浪费、仔兔生长发育不良、发病频繁、降低产品质量、抬高养殖成本，甚至会造成重大经济损失。因此，科学的饲养管理是兔群实现优质高产的重要因素。然而，不同用途、不同品种、不同性别、不同生理阶段、不同圈舍条件、不同饲料、不同季节等都对饲养管理有不同的要求。因此，应该根据不同情况制定科学的饲养管理方法，充分发挥家兔的生产潜力，实现整个兔群的优质高产。

一、饲喂方法

目前家兔的饲喂方式有三种：自由采食、限制饲喂、自由采食和限制饲喂相结合。在大规模、自动化程度较高的养殖场可以采用自由采食，可以提高家兔的哺乳性能和生产性能。哺乳母兔和生长肥育兔也多采用自由采食。然而，出于对家兔健康和饲喂安全的角度考虑，要求粗纤维含量较高，导致耗料量偏高，饲料转化率低，单位养殖效益差。限制饲喂是根据家兔的品种、年龄、体况、季节等因素，进行定时定量饲喂。从节省劳动力的角度考虑，每天饲喂2次为宜。由于家兔是夜行性动物，夜间采食量偏大，晚上饲料量占全天的60%左右。夏季天气炎热，家兔的食欲降低，应选择在早晚天气凉爽时饲喂，早晨要喂得早，晚上要适当多喂。在通常情况下，采用自由采食和限制饲喂相结合的方法。在幼兔断奶时，断奶应激易诱发消化道疾病，应采用限制饲喂。一开始饲喂量为50%左右，随后逐渐增加至80%~90%，幼兔能获得补偿生长。在幼兔50日龄左右至出栏，可以采用自由采食，缩短上市时间。

兔的采食习惯、消化液的分泌、肠道微生物区系在一定时期内与采食饲料直接相关，所以饲料配方、饲料料型和饲喂制度都要相对稳定。在更换饲料时，逐步用新饲料替代原有饲料，每天的替代量不能超过1/3，过渡期为1周左右。如果过渡不当，会造成兔严重的胃肠道疾病，导致采食量下降或拒食，严重的会导致家兔死亡。在从外地引种家兔时，应从原兔场带来一些饲料作为过渡。

二、饮水

水是家兔生命活动中需要的重要物质，是营养物质在体内的消化、吸收和排泄等的重要媒介，可调节体温，作为溶剂是维持各种生理活动所必需的。家兔的饮水量与年龄、生理阶段、季节、日粮结构等密切相关。当饮水不足时，家兔精神萎靡、食欲不振、泌乳量减少、生长缓慢，严重时会导致家兔死亡，所以在饲养家兔时不能缺水，也不能限水，最好是一直供水。家兔的饮水必须符合国家饮用水标准，死塘水、泥土水和污染水等不符合饮用标准的水不能喂兔。在寒冷地区的冬季最好喂温水，以防饮用冰水诱发胃肠道疾病。

三、兔舍环境

家兔喜欢干净，经常用舔毛保持自身的清洁。家兔喜欢干燥、厌恶潮湿，所以要经常清理兔舍，清除兔场的粪污，清洗水槽和料槽，保持兔舍的卫生，减少病原微生物的滋生。同时，要注意兔舍的通风换气，保证兔舍干燥。为保持兔舍干燥，尽量采用刮粪机或皮带输送式清粪，经常检修水管、饮水器，避免漏水，尽量控制冲洗兔舍的次数和用水量。

家兔胆小怕惊，喜欢安静。家兔的听觉异常敏锐，突然的响动会使家兔顿足，进而引起附近乃至全场家兔惊慌失措、乱窜乱跳，对母兔哺乳、配种和生产带来不利影响，所以兔舍应尽量保持安静，尽量避免场外人员进入兔舍。在放鞭炮、安装设备等无法避免噪声的情况下，应首先放一些零星的鞭炮，或者安装设备的噪声由弱入强，待家兔慢慢适应后，也可泰然处之。

家兔的临界温度为 5℃ 和 30℃，最适的环境温度为 15～25℃。环境温度低于 5℃ 时，家兔通过增加采食量和生长绒毛来保持体温恒定，从而使饲料报酬降低。寒冷的环境可能使幼兔非疾病性腹泻率增加、死亡率提高。由于家兔的汗腺退化，被毛浓密，导致家兔对炎热天气的耐受力较差。当气温达到30℃以上时，家兔的采食量减少。在环境温度达到35℃以上时，家兔极易中暑，妊娠母兔易得妊娠毒血症而突然死亡。因此，冬季要防寒，采用保温措施。夏季公兔停止配种。在有条件的情况下，规模化兔场冬季可采用地暖，夏季通过湿帘或空调进行温度调节。

想一想

家兔肉兔的饲养管理方法有哪些？

做一做

调查并参观当地家兔饲养过程。

第八章

优质生态鸡现代科学养殖技术

第一节 优质鸡生产概况

优质鸡是利用果园、林地、草场、农田、荒山、竹园和河滩等资源放养生产的鸡。优质鸡除了具有优良的肉质外，还须有符合当地居民喜好的体型外貌、较高的生产性能。我国优质肉鸡品种丰富，各地的标准略有差别。

一、优质鸡的特点

优质鸡肉质鲜美、风味独特、营养丰富、适于传统方法加工烹调。优质鸡商品价值较高。

优质鸡的生长、肉质特点：生长较慢、性成熟较早、特有的羽色；宽胸、矮脚、骨骼相对小而载肉量较多；肉嫩、骨细，脂肪分布均匀，鸡味浓郁。优质鸡可用于选育提高或杂交改良地方鸡种。

优质鸡生产特点：①品种多，生产性能参差不齐；②群体混杂，整齐度差；③生活力较强，但未经病源净化；④品种质量好，但需要适度饲养；⑤采用传统养殖方法与现代技术相结合；⑥生产中严格限制违禁物质的使用，以提高鸡肉的风味品质和安全性。

二、优质生态鸡养殖需要的条件

优质生态鸡养殖以草山草坡、果园为放养场，同时建有育雏场（用于 0～4 周龄时室内圈养）、4 周龄到出栏可以采用野外放养场。鸡苗可以选择刚出壳鸡苗（育雏后才能放养）和脱温鸡苗（可直接放养）。饲养过程中要准备饲料、五谷杂粮、饼粕类、青绿饲料、料槽、饮水器等。采用的消毒药物有 EM 菌剂、百毒杀、菌毒杀、漂白粉、生石灰等。常用的抗菌药物有土霉素原粉、育雏宝、抗菌先锋、肠毒清、呼喉净、强力霉素、氟苯尼考、恩诺沙星、环丙沙星、止痢快等。

想一想

优质生态鸡特点有哪些？

做一做

调查并参观当地生态鸡主要采用哪些品种。

第二节　育雏技术

幼雏体温较低且体温调节机能不完善，生长迅速，抗病能力差，此阶段应加强饲养管理，降低死亡率，提高生长速度。

一、育雏方式

1. 地面育雏

在育雏室内的地面上平铺一层约 10～15cm 厚的垫料，雏鸡的运动、采食、饮水和休息均在垫料上。较好的垫料是干燥、柔软、清洁的刨花或锯末、稻壳、麦秸等。

2. 网上育雏

在离舍内地面约 60cm 高处架设铁丝网床（或木条板），雏鸡饲养在网床上。

3. 立体育雏

即笼养育雏，我国目前生产的育雏笼有 3 层或 4 层叠层式，雏鸡笼养的优点在于房舍利用率高，同样的舍内面积雏鸡饲养量约为地面散养的 2.5 倍。

二、育雏前的准备

1. 育雏舍和育雏设备

（1）育雏舍　本阶段要供温，室温不能低于 20℃，因此要求保温性能好，又要有一定的通风。进雏前两周，舍内必须清洁消毒。用高压水龙头冲洗鸡舍地面、四周墙壁、屋顶、鸡笼及用具等，不留鸡粪、灰尘、蜘蛛网等；待风平后再用消毒药喷雾，最后将鸡舍密闭熏蒸（福尔马林和高锰酸钾），进鸡前通风。

（2）设备

【供热器】提供育雏所需热能，用煤、电、煤气等。

【育雏器护板】平养育雏时，为防止雏鸡踩伤，与热源保持一定的距离，围绕育鸡器周围而设置的一种设备，高 30～45cm，可用竹、金属网（板）等。

【电热伞型育雏器】用木板、纤维板或铁皮等材料制成，在伞罩内上部有加热器。伞罩可使热朝向下辐射，温度集中。育雏伞要随雏鸡日龄增长逐渐升高，脱温时撤掉或悬吊高空、减少占地。

【照明灯】或称吸引灯，在育雏下方安装一电灯，使雏鸡集中在热源伞下，便于吃食、饮水。

【食槽】用木板、镀锌铁板或硬塑料板制成，种类较多，也有专用雏鸡食盘。

【饮水器】种类多，根据鸡大小和饲养方式而定，都要求易清洗、不漏水、不污染等特点。

2. 制定育雏计划

根据本场具体条件制定和落实育雏计划，每批进雏数应与育雏鸡舍、放养需要量大体一致，不要盲目进雏。

3. 饲料和垫料准备

准备好全价营养饲料，新鲜，防止霉变。地面育雏时一般要铺垫料。垫料切忌霉烂，要求干燥、清洁、柔软、吸水性强、灰尘少。常用的有稻草、麦麸、碎玉米轴、锯木屑等。

4. 进雏前预热

进雏前 1～2d，舍温应达到 33～35℃。

三、雏鸡的饲养管理

1. 饮水

雏鸡一般是先饮水后开食。在雏鸡到达育雏室前 2h，应将备好的凉开水加入饮水器内预温，使水温与室温接近（16～20℃）。雏鸡到达育雏室并安放好后，休息片刻，以适应育雏室或育雏笼的温度环境，如果温度适宜，0.5～1.0h 后就可以供水。经长途运输的雏鸡可在饮水中加入 5%～8% 的葡萄糖或蔗糖，以增加能量，帮助恢复体力。

饮水器每天要洗刷并更换 1～2 次。饮水器要充足，初饮时 100 只幼雏至少应有 2～3 只 4.5L 的真空饮水器，均匀分布在鸡舍各部。初饮的水温保持与室温相同，1 周后直接用自来水。

2. 开食

雏鸡第一次吃食称为开食，以毛干后 24h 开食为宜。

开食时将准备好的饲料撒在反光性强的硬纸、塑料布或浅边食槽内，一只鸡开始啄食时，其他鸡也会模仿。雏鸡的喂料器在育雏室内分布应均匀，饮水器和喂料器位置稍近些，便于雏鸡饮水和采食。

开食后，实行自由采食。饲喂时要掌握"少喂勤添八成饱"的原则，每次喂食应在 20～30min 内吃完，以免幼雏贪吃，引起消化不良、食欲减退。从第 2 周开始要做到每天下午料槽内的饲料必须吃完，不留残料，以免雏鸡挑食，造成营养缺乏或不平衡。一般第一天饲喂 2～3 次，以后每天喂 5～6 次，3 周后逐渐过渡到每天 4 次。喂料时间要固定，喂料间隔基本一致（晚上可较长），不要轻易变动。

3. 育雏期间的保暖

温度是首要条件，也是育雏的关键，必须严格而正确地掌握。温度低不仅对雏鸡生长发育不利，而且死亡率高，此外低温还增加耗料。

一般前 3d 时 34～35℃，第 1 周 33～30℃，第 2 周 29～30℃，第 3 周 28～27℃，第 4 周 25～23℃。

育雏时温度高低的衡量方法除参看室内温度表外，主要观察雏鸡行为和听雏鸡的叫声。温度高，雏鸡远离热源，翅和嘴张开，呼吸增加，发出吱吱的鸣叫声；温度低，雏鸡聚集在一堆尽早靠近热源，并发出叽叽的叫声，聚集成堆，在下层的鸡被压而窒息死亡。温度正常时，雏鸡活泼好动，吃食饮水都正常，在育雏室内分布均匀，晚上雏鸡安静而伸脖休息。夜间气温低，育雏温度比白天应提高 1～2℃。

一般供暖设备有以下几种。

热风炉：以煤为燃料，舍外设立的炉体，将热风引进鸡舍上空或采用正压将热风吹进鸡舍上方，集中预热育雏室。

锅炉供暖：分水暖型和气暖型。育雏供温以水暖型为宜，以热水经过管网进行热交换，升温缓慢，但保温时间长，鸡舍内温湿度适宜。

红外线供暖：有明发射体和暗发射体，安装于金属反射罩下，明发射体（红外线板或棒）只发红外线不发可见光、使用时应配照明灯。功率为 $180\sim500W$ 或 $500W$ 以上。

红外线灯育雏：室内干净，垫内干净，垫料干燥，育雏效果良好，但耗电多。

煤炉供暖：我国农村养鸡常用，燃料用煤炭、煤饼均可，保温良好的鸡舍，$20\sim30m^2$ 设一个炉即可。

4. 控制相对湿度

育雏舍的相对湿度应保持在 $60\%\sim70\%$ 为宜。一般育雏前期（$1\sim10$ 日龄）湿度高一些，但不能超过 75%，后期可适度低些，保持在 $55\%\sim60\%$ 即可。

5. 注意通风换气

处理好温度和通风的关系，前期以保温为主，通风为辅；后期以通风为主，保温为辅。

6. 密度合适

适时调整饲养密度，保证雏鸡健康生长，随着鸡龄的增大，不断减少单位面积的鸡只数量。

平养条件下第 $1\sim2$ 周 $40\sim50$ 只$/m^2$，第 $3\sim4$ 周 $25\sim30$ 只$/m^2$，第 $5\sim6$ 周 20 只$/m^2$。

7. 合理的光照制度

通常 $1\sim3$ 日龄全天光照，3 日龄以后逐渐缩短光照时间，15 日龄后利用自然光照，不再给予人工补充光照。舍内要求每 $16m^2$ 的地方设置一个 $40W$ 的灯泡，灯泡的高度距地面 $2\sim2.2m$，可加灯罩，灯泡上的灰尘应经常擦拭。

想一想

优质生态鸡育雏流程有哪些?

做一做

调查并参观当地生态鸡育雏过程。

第三节 优质鸡放养关键技术

　　优质鸡放养是一种与现代化笼养不同、完全回归自然、实行山林或者果园放牧的饲养方式。选择优良的土鸡或仿土鸡地方品种,在育雏后采取圈舍栖息与放养相结合,以自由采食昆虫、嫩草和各种籽实为主,人工补饲配合饲料为辅,让鸡在空气新鲜、水质优良、草料充足的环境中生长发育,以生产出绿色、天然、优质的商品鸡及其蛋品。由于山林或者果园有大量的天然饲料供鸡群觅食,可减少饲料投入;生态放养鸡舍只需在果园建设用于遮风挡雨和保温增温的鸡棚;饲养设备也很简单,山林或者果园优质鸡养殖投入相对较少。为什么脱温后才能放养?因为育雏前期(0~40日龄)鸡个体小,自身产热少,绒毛短,保温性差。刚出壳的雏鸡体温比成年鸡低2~3℃,到10日龄才接近成年鸡的体温。由于鸡的体温调节功能要到 3 周龄才趋于完善，所以在 40 日龄后脱温后才能放养，一般冬季在 50 日龄左右、夏季可在 30 日龄左右脱温。

一、放养品种的选择

在优质生态鸡的生产中，不仅需要关注其生产性能，还应将外观、肉质等性状视为重要的指标。

（1）受人们长期生活及消费习惯的影响，西南地区消费者将具有黑羽、红冠、麻羽、红羽、青脚等外观性状的鸡视为优质鸡种，因此面向西南市场时应重点选择具有这种外观性状的鸡。

（2）放养鸡以选择生长较慢的土鸡或培育的优质鸡种为主，要求其性成熟早、抗逆性强和耐粗饲。土鸡饲养期一般为 120～150 日龄，达到性成熟后再出售。性成熟后的鸡不仅毛色光鲜、鸡冠和肉垂发育良好，而且皮下脂肪沉积适度，肉质细嫩，满足了人们对外观性状和肉质性状两方面的需求。

（3）应根据产品销售或加工途径选择合适的品种类型。慢速土鸡由于价位较高，主要面向中高档消费场所，要求养殖户投入资金较多，具有一定的品牌意识和市场开拓力。否则，应选择中速型的优质鸡种或土杂鸡饲喂，以降低生产成本，提高生产效率。

（4）在品种类型上，慢速土鸡一般是本地土鸡和引进的经过培育的优质鸡种，如本地的黑山鸡、广西麻鸡、河南固始青脚麻鸡及一些黑鸡等鸡种，这些鸡种出栏时间在 90～150d，公母平均体重在 1.5～2.0kg。中速型土鸡品种一般为经过选育或杂交的仿土鸡，这种类型的优质鸡出栏时间在 60～90d，公母鸡平均出栏体重在 1.5～2.0kg，均为青脚麻羽，生长速度及产品价格适中，受大众市场欢迎。

二、鸡舍建设

1. 场址的选择

地势高燥：在山林或者果园中选择山坡的南面或东南面建场。土质均以沙质土为好，以利于下雨后排水，避免积水。地势要有利于通风、光照，排水条件良好，保温，夏天不闷热。

交通便利，环境幽静：场址要求交通便利，但不能设在交通繁忙的要道和河流旁，也不能设在村庄或工厂旁，最好距要道 2000m 左右，距一般道路 50～100m。场址距离其他畜牧场最好达到 200～300m。

水源充足：要求水源清洁卫生，符合标准。场地的土质最好是透气、透水性能良好的沙壤土。

电源可靠：饲料加工、孵化、育雏、照明等都需要用电，电源必须有可靠保证，为防止突然停电，宜备有发电机。

足够的面积：以备以后扩大生产。

2. 场地的规划

采用适度规模生产，放养林地周围用铁丝网、塑料网等贴地埋设封闭围栏，5～10 亩为一个小区，饲养密度为 18～22 只/亩，每个群体规模控制在 300～500 只。

将放养场桑林分为几个小区，如1、2、3区，进行轮牧，恢复部分草被，让其充分得到阳光的消毒，减少细菌、病毒的残留和传播。注意：切忌大小混养和群体规模过大。

3. 鸡舍建设

鸡舍的功能主要是供鸡晚间休息和遮风避雨，因此鸡舍建设可相对简单，布局见图8-1。

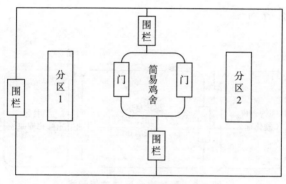

图8-1　简易鸡舍布局示意

在山林或果园中选择地势高燥且相对平坦、排水良好，并有理想的水源条件，与主干道较近的地方建设鸡舍。鸡舍周围宜有高大的林木，以抵御夏季的高温气候对鸡生产性能的影响。鸡舍朝向要便于采光和通风，宜采用横向东西走向或南偏东或西15°左右，纵向朝南北方向。

鸡舍分三个区域，一个鸡的休息区域和两个鸡的喂食区域（方便轮牧）。鸡休息区域在网上，网高1.5m左右，两个喂食区域在地面上，由网上休息区域下来到喂食区域，中间须有台阶连接。

搭建简易鸡舍，可采用框架式开放结构，材料可采用彩钢或竹木，顶部要注意隔热，可采用中间为泡沫塑料的彩钢，顶上仅需要搭建顶棚，鸡舍屋顶向两边各延伸一部分，为鸡喂食区域（图8-2）。鸡舍宽6m，长度视养鸡数量而定，一般以舍内休息区每平方米饲养鸡10～12只为宜。鸡休息区及鸡喂食区的地面要进行硬化处理，不积水，可采用水泥或砖。搭建鸡舍要注意排水及通风问题，最好采用暗沟排水。

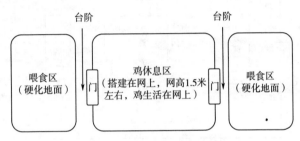

图8-2　简易鸡舍区域功能示意

如有闲置农房、猪舍或未用的蔬菜大棚等，稍加改造就可投入使用。在一个地方养几群鸡时，每个鸡舍之间至少有50m的间距，以减少疾病传播。在养殖过程中，放养场地只需要配备简易消毒设备、饮水设备及喂料设备等，主要包括简易料桶、真空饮水器及喷雾器等。

每一批鸡出栏以后，应对鸡棚进行彻底清扫，更换地面表层土，清洗工具。对棚内地面及用具先用3％～5％的来苏尔水溶液进行喷雾和浸泡消毒，然后再进行熏蒸消毒，每立方米空间用 25mL 福尔马林加 12.5g 高锰酸钾。饲养过鸡的草山草坡，也应先在地面上撒一层熟石灰，然后进行喷洒消毒。

4. 其他设施

栖架：大鸡小鸡都有高栖息的习性，所以在鸡舍内应设有台阶式栖架，栖架为鸡睡觉的地方，这样既适应鸡的习性，又可利用空间多养鸡。栖架由数根木条组成，放在墙边成一长排，栖架前低后高。栖架前高离地面 2～5 尺、后高离地面 3 尺，木条粗 1.2 寸×1.8 寸（长×宽），表面呈半圆形，不要有棱角。一个栖架上的木条不宜超过 5 根，木条间距为 1.3 尺左右。每只鸡占位 6 寸左右。采用料筒喂料、塔形真空饮水器或乳头式饮水器饮水。

砂浴池：鸡喜欢砂浴，因为可清洁羽毛，所以要在活动场上设砂浴池。可用浅的木箱制作，也可在地上用土砖围成，一般长 3 尺、宽 2 尺、高 5 寸左右，池内放一半干砂、一半干草木灰，如能加上一些硫黄粉更好，可杀死鸡体外的寄生虫。

产蛋箱：产蛋箱通常设计为 1～2 层，每 4 只鸡一个产蛋窝。每个产蛋窝的大小约为 30cm 宽×35cm 深×30cm 高，产蛋箱一般放置在清洁、干燥、阴暗、僻静的地方，在鸡群产蛋前放置好。产蛋箱内放置干净、松软的垫料如刨花，并经常更换。

鸡粪堆沤发酵池：在鸡场的下风向，距鸡场有一定距离，方便运输粪便的地点，建 $5m^3$ 鸡粪堆沤发酵池，进行鸡粪发酵。

无害化处理池：选择一个不污染水源、不影响周边环境、远离鸡舍的地方建无害化处理池，处理死鸡。

隔离舍：在鸡场的下风向，距鸡场有一定距离的地方建设隔离舍。病鸡饲养于鸡笼内，以便观察治疗。

三、优质鸡饲养技术要点

1. 补饲

土鸡生长较慢，饲料消耗少。生产实践和科学实验表明：从育雏、育成到产蛋全过程，都必须喂满足它们营养需要的全价饲料，使它们能在足够、全面的营养条件下充分发挥生产能力。

配合饲料必须以家禽的饲养标准为主，并结合生产实际进行调整。放养土鸡由于能在野外采食一定数量富含维生素、矿物质和蛋白质的野食，因此在整个饲养期配方中可适当降低饲料中的能量水平和蛋白质水平。饲料要多样化，搭配要合理。若缺少则会影响鸡的健康，妨碍生长发育，特别是小鸡。

鸡在育成期如发育缓慢，没有达到标准体重，主要原因是营养不足。有人认为，育成期靠鸡自由野外找食即可满足营养需要，不需另外补料。这种观点是错误的。育成期阶段是生长发育最快的时期，在野外采食的自然饲料不能满足能量和蛋白质的需要，必须另外补充，特别是在大规模、高密度集约化饲养条件下，仅靠采食一些植物性青饲料很难满足鸡自身快速生长的需要，忽视补料是得不偿失的。因此，应根据体重的变化和与标准的比较，酌情补料。只要营养得到满足，才能快速生长和提高经济效益。

在重庆市，牧草一般在 3～7 月份生长迅速，牧草丰茂且温度比较适宜，因此这段时间应以放牧为主、补饲为辅。为了保证散养鸡有充足的牧草，减少饲料消耗，可种植一些可供鸡食用的牧草。配合饲料选用营养丰富、来源方便的饲料原料进行配合。专养殖户在制定配方时可尽量简化，适当减少饲料种类，但能量、蛋白质饲料种类最好在 3 种以上，可选择玉米、碎米、麦麸、糠壳、豆粕和预混料配制而成。根据鸡的日龄、生长发育、放养地类型和天气情况，决定补料次数、时间、类型、营养浓度和补料数量。

补料需注意的问题有以下几个。①补料工具：采用料筒喂料。为了防止饲料浪费和污染，有条件的可在特定地方搭建敞篷作为补料场地，补料场地要求较宽敞且平整，否则到处乱撒料，浪费非常严重。②信号：每次补料应与信号相结合，尤其是在放养前期更应加强信号。一般是给予明确的信号（吹口哨或敲击金属器皿），使在较远地方采食的鸡能听到声音，返回吃料。③补料量：每次补料量应根据鸡采食情况而定。在每次加料时，不要一次加完，要分几次加，看到多数鸡已经满足采食时，记录补料量，作为下次补料的参考依据。一般是次日较前日稍微增加补料量。也可以定期测定鸡的生长速度，即每周末随机抽测一定量鸡的体重，观察与标准体重的符合度。如体重严重低于标准，应该逐渐增加补料量，如体重超标，可适当减少补料量。值得注意的是，每天收牧时应仔细清点鸡数量，并根据当天的放牧情况决定补料量。④采食均匀度：补料时应观察整个鸡群的采食情况，防止胆小的鸡不敢靠近采食。设置足够的饲喂工具，也可延长补料时间，使每只鸡能采食足够的饲料，以便发育整齐。

2. 饮水

鸡获取水有三个途径。一是从饲料中来，青绿饲料中含水量为80％～90％，干物质中也含10％～15％的水分；二是鸡体本身在糖、脂肪、蛋白质的分解中产生的代谢水；三是供给的饮水，这是鸡获得水的主要途径，约占总量的82％。

放养鸡每天需要充足的饮水，除自然泉水外，养殖场内要放置足够数量、水量充足的饮水器，让鸡能随时饮到水。每100只鸡需要一个8kg的塑料饮水器。

四、优质鸡管理技术要点

1. 放养密度

林下放养密度以30～50只/亩为宜。密度过大时草虫等生态饲料不足，鸡吃不饱，需增加精料饲喂量，影响鸡肉、鸡蛋的口味，而且不利于鸡群安全度夏，增加了饲料费用和管理难度，造成鸡生长速度减慢、体质瘦弱。密度过小，资源不能充分利用，生态效益低。

一个规模较大的鸡场可采取小群体的方式进行养殖，放养规模一般以每批2000～3000只为宜，每批分群，每群400～600只为宜，采用全进全出制。头一年可养500～800只，有经验后再发展到2000～3000只。

2. 野外放养训练

脱温后，即可选择晴好天气开始放养训练，放养训练时要特别注意天气变化。刚脱温的鸡抗逆性能低、调节功能差，一时难以适应环境变化。因此，要选择外界气温稳定、暖和的晴天进行野外放养训练。

进行放养训练时，首先在鸡舍周围架设防护网，暂时限制鸡的活动范围，放养的头几天，每天放养3～5h，以后逐渐延长至全天，让鸡慢慢适应野外环境，两三周后逐步扩大，直到扩大到整个场地为止。

放养初期可每天饲喂3次全价饲料，以后早晚补饲2次，中午视情况而定。经过一段时间训练后，鸡群已逐渐适应了放牧区域的环境，而且条件反射信号已建立，即形成了放牧、喂料、收牧的习惯，这时应做到每天定时放牧、定时补喂饲料、定时收牧回舍。

随时注意观察鸡群的采食、饮水、粪便及活动情况，发现问题及时处理。对少数体质较弱的鸡，留在舍内饲养。

3. 上栖架的调教

鸡具有栖居的特性，善于在高处过夜，但在野外放养条件下，有时由于鸡舍面积小，比较拥挤，有些鸡抢不到有利位置而不在栖架上过夜。地面比较潮湿，加之鸡粪堆积，易患病（尤其细菌性病、寄生虫病），在晚上熄灯后及时将其抓到栖架上。

操作方法：熄灯后用手电筒照着将鸡抓到栖息架上。经过7～8d的调教后，形成固定位次关系，鸡就按时按次序上栖息架。栖息架可做成人字形，要做到上面一排鸡粪不掉到下面一排鸡身上。

4. 分区轮牧及果园种草

轮牧的好处是让杂草、蚯蚓及昆虫等有一个生息期。等下次（批）轮牧到来时，又有较多食物供鸡采食。如此可达到鸡、林果双丰收的目的。

桑林下种草养鸡生产的鸡肉质好、风味佳；鸡还能有效防治树林害虫，节约了饲料费、肥料费，形成了一种良性循环的生态饲养模式，是一种可持续的养殖模式。桑林种草时，可采用豆科牧草 50％～70％、禾本科牧草 30％～50％的混播方式。适宜的豆科牧草有白三叶、紫花苜蓿，禾本科牧草有多年生黑麦草、鸭茅等。

5. 避免应激

鸡的应激就是鸡因为受到周围环境的改变所引起的一系列不良反应。鸡是很胆小的动物，当养殖密度比较大、受环境变化影响时，鸡体对饲养密度、气候、免疫接种、转舍、分群、捕捉、噪声、光照等因素的刺激有一定的应变和适应能力，如果这些刺激的强度过大或持续时间过长，超过了鸡体的生理耐受力，则影响鸡的生长、发育、繁殖和抗病能力，可直接引起死亡。

在鸡舍，要尽量杜绝陌生人进入，饲养员最好每天穿统一工作服，不要经常换衣服，尤其杜绝颜色鲜艳的衣服。鸡舍内部及周围环境要尽量安静，在鸡舍内绝对不要大声喧哗。放养时不要让狗及其他兽类突然接近鸡群，以防惊吓。为减少应激，可在饲料或饮水中加入一定量的维生素 C 或复合维生素等。

重庆市由于夏季气温较高，又加上放养鸡的大棚建筑设施简单。因此，应采取一定的综合防暑措施。在修建棚舍时应充分考虑通风因素，并在鸡棚南侧和西侧种上夏季枝繁叶茂的大树；棚顶要有隔热层；种植藤蔓植物布满房顶等，这些措施都可一定程度减少炎热气候对鸡的应激。在夏季，采取减少鸡的采食量、增加饮水量、补充维生素、加强通风等预防鸡的热应激。从饲养管理角度来说，在炎热夏季，鸡只能在早晚凉爽的时间进行放牧，并在饲料中按每千克饲料添加 200mg 的维生素 C 或在日粮中添加 0.3%~0.1%碳酸氢钠（或 1%的氯化钾），以减轻热应激影响。

6. 日常管理

（1）保持环境的稳定 任何环境条件的改变都可能引起应激反应，如抓鸡、换料、停水、断料、改变光照制度、飞鸟窜入和巨大声响等。应激会给鸡带来不良影响，如食欲不振、精神紧张、采食量下降，严重时会造成鸡的死亡。鸡一旦遭受应激常需数天才能恢复正常，因此鸡舍应固定饲养人员，作业时动作要轻而稳，减少进入鸡舍次数，不要在舍内大声喧哗（如不能突然播放劲爆音乐），还要注意防止飞鸟、老鼠及野兽窜入鸡舍。鸡舍外作业也要注意减少突发事故的发生。

鸡对外界环境十分敏感，保持环境稳定是养鸡时刻应注意的问题。生产中环境的变化主要有以下几个方面。

① 严防兽害。野外养鸡要注意预防老鼠、黄鼠狼、

狐狸、鹰和蛇等天敌的侵袭。鸡舍不能过于简陋，应及时堵塞墙体上的大小洞口，鸡舍门窗用铁丝网或尼龙网拦好。同时要加强值班和巡查，检查放牧场地兽类出没情况。

② 饲养人员的更换。在长期的接触中，鸡对饲养人员形成了认可关系，如果饲养人员突然被更换对鸡是一种无形的应激。因此，应尽量避免人员的更换。如果更换饲养人员，应在更换前让两人共同饲养一段时间，使鸡对新主人产生感情，确定其主人地位。

③ 饲喂制度的更变。饲喂制度的改变对鸡也会造成一定的应激，无论是饲喂时间、次数、饮水供应、放牧时间或归牧时间，都不要轻易改变。

④ 位置的改变。在长期的放牧环境中鸡群对其周围环境产生适应，无论是鸡舍（鸡棚），还是饲具、饮具的变更，对其都有一定的影响。比如将鸡舍拆掉，在其他地方建一个十分漂亮的鸡舍，但这群鸡宁可在原来鸡舍的位置上过夜，也绝不到新建的鸡舍里过舒适的生活。

⑤ 气候的改变。环境对鸡群的影响中，气候的变化影响最大，包括突然降温、突然升温、大雨、大风、雷电、冰雹等。

在放养地建几个简易的草棚子，便于鸡只避雨。突然降温造成的危害是鸡在舍内容易扎堆，相互拥挤在一起，发现不及时容易造成底部的鸡窒息死亡。高温造成的危害是容易中暑，风雨交加或冰雹的出现往往造成大批死亡。一般气候条件变化造成的死亡占总死亡的50%左右。在放牧期间，突然大雨大风，鸡来不及躲避，被雨水淋透，因大雨必然伴随降温，受到雨水侵袭的鸡饥寒交迫，抗病力减退，如不及时发现，很容易引起感冒或其他疾病导致死亡。若及时发现，应将环境温度升高，使其羽毛快速干燥，可避免出现疾病或死亡。

放牧期间，雷电对鸡群的影响也很大。尽管很少发生雷击现象，但打雷的剧烈响声和闪电的强烈光照刺激，往往导致出现惊群现象，大批鸡拥挤在一起，造成底部的鸡被压窒息而死。没有发生拥挤的鸡群，由于受到强烈的刺激，需几天才能逐渐恢复正常。因此，遇到这种情况，必须观察鸡群，发现炸群时及时将被压的鸡拨开。

对于适度规模化生态放养鸡而言，必须注意当地的天气预报，如有不良天气，提前采取措施，如可以将鸡隔成若干小群，减少扎堆死亡。

（2）减少放牧丢失　进行有效信号的调教，减少放养过程中鸡的丢失。

（3）减少卡（吊）死　及时处理场内编织袋和线条，防止鸡误食而卡死，及时取出掉在铁丝网孔的鸡只。

（4）注意药物预防　除了一些烈性病毒性传染病外，造成育成期鸡死亡的其他疾病是沙门菌病和体内寄生虫病等，而这些疾病往往被忽视。野外放养如果遇到连续阴雨天气，很容易诱发球虫病，应根据气候条件和粪便中球虫卵囊的检测情况酌情投药；如在育雏期未得到有效控制，在放养初期很容易发生，放养鸡场，特别是常年放养鸡的地块，鸡体内寄生虫发生很普遍，应根据粪便寄生虫卵的监测情况进行有针对性的预防。

（5）精心管理，做到"五勤"　平时观察鸡舍温度的变化，通风、供水、供料和光照系统等有无异常，发现问题及时解决；观察有无啄肛、啄羽鸡，一旦发现，要把啄鸡和被啄鸡挑出隔离，分析原因，找出对策。

① 放养时勤观察。健康鸡总是争先恐后向外飞跑，病鸡行动迟缓或不愿离舍。放养时发现行动落伍、独处和精神萎靡的病弱鸡，及时进行隔离观察和治疗。鸡只傍晚回舍后要清点数量，以便及时发现问题、查明原因和采取有效措施。

② 清扫时勤观察。清扫鸡舍时观察粪便是否正常。

③ 补料时勤观察。补料时观察鸡的精神状态，健康鸡往往显得迫不及待，病弱鸡不吃食或反应迟钝。喂料给水时，应观察饲槽、水槽的结构和数量是否适应鸡的采食和饮水需要。注意每天是否有剩料余水，单个鸡的少食、频食或食欲废绝和恃强凌弱导致弱鸡吃不上等现象发生，以及饲料是否存在质量问题（如板结、发霉）。

④ 呼吸时观察。晚上关灯后倾听鸡的呼吸是否正常，如有呼噜、咳嗽、喷嚏、咯咯声，则说明有呼吸道疾病。

⑤ 采食时勤观察。从放养到开产前，采食逐渐增加为正常。若发现病鸡，应及时隔离和治疗。

（6）按时完成日常作业　每天进行喂料、喂水及清粪等作业程序，准时完成，不得打乱。

（7）卫生防疫　注意保持鸡舍内外的清洁，每天洗刷水槽、料槽和饲喂用具等，并定期消毒，及时处理鸡场内积水，保持场内卫生。

（8）轮牧　为了最大限度地减少补充饲料的用量，可以圈定轮牧场。轮牧有利于果园、林地的翻耕，鸡粪的处理，保证牧草的复壮和生长，防止鸡群间疾病传播。

散养的主要目的是提高肉蛋品质，让鸡在外界环境中采食虫、草和其他食物。每过一段时间后，散养地的虫草会被鸡食完，应预先将散养地根据散养鸡数量和散养时间长短及散养季节划分为若干散养片区，用围栏分区，一片区域散养1～2周后赶到另一区域散养，让已被采食的散养片区休养生息、恢复植被后再散养，使鸡只在整个散养期间都有可食的虫草等。

（9）**防止中毒** 在对果园进行喷施农药防除病虫害时，一定要隔离鸡群1周以上，以免鸡群受到药害。要注意以下三点：一是要选用低毒农药；二是将果园划定区域分片使用农药和轮牧，即在喷药期间，实行限区围栏放牧；三是要在安全期内放养，即在农药毒性过后再进行放养，严防鸡只中毒。

五、其他技术

1. 合理分群

按鸡的大小、公母和强弱等分开饲养防止发生拥挤、争食和小鸡被踩死、踩伤等现象，保证所有鸡都能吃饱和生长发育一致。

2. 预防啄癖

啄癖也称异食癖、恶食癖、互啄癖，各日龄、各品种鸡群均可发生，但以雏鸡时期最多，轻者啄伤翅膀、尾部，造成流血伤残，影响生长发育和外观；重者啄穿腹腔，拉出内脏，有的半截身被吃光而致死，对养禽业造成很大的经济损失。

（1）啄癖的种类 有啄羽癖、啄肉癖、啄肛癖、啄蛋癖、啄趾癖、异食癖等。

（2）啄癖的原因

① 品种方面：土种鸡性情好动，易发生啄斗。母鸡比公鸡发生率高，开产后1周内为多发期，早熟母鸡易产生啄癖。

② 营养方面：日粮配合不当，蛋白质含量偏低，赖氨酸、蛋氨酸、亮氨酸和色氨酸、胱氨酸中的一种或几种含量不足或过高，粗纤维含量过低。

维生素的缺乏：缺乏维生素 B_2、维生素 B_3 时。

矿物质和微量元素的缺乏：缺乏钙、磷或比例失调；缺乏锌、硒、锰、铜、碘；硫缺乏；食盐不足。

粗纤维的缺乏：粗纤维缺乏时，肠蠕动不充分，易引起啄羽、啄肛等恶习。日粮缺乏砂砾。

日粮供应不足：如喂料时间间隔太长，鸡感到饥饿，易发生啄羽癖。

饲料霉变：因采食霉变饲料引起鸡的皮炎和瘫痪从而引起啄癖。

③ 饲养管理方面

环境因素：如通风不良、光线太强或光线不适、温度和湿度不适宜、密度太大和互相拥挤等都可引起啄癖。

饲养密度过大：空气污浊、采食和饮水位置不足、随意改变饲喂次数、推迟饲喂时间，也会导致啄斗。

温湿度不适宜、通风不畅易引起啄癖，故保持适宜的温度、湿度和通风很关键。

饲养方式：与散养鸡群相比，舍饲或笼养的鸡群，每天供料时间短而集中，鸡大部分时间处于休闲状态，促使啄癖行为的发生。

④ 其他因素：外寄生虫，疾病因素，应激因素等。

（3）啄癖的治疗　先查原因，再定治法：主要是查日粮中各种营养成分（包括各种维生素及微量元素）是否达到饲养标准；查温度、湿度、饲养密度、光照、空气等环境条件是否合适；查组群是否合理；查给料给水是否按时等。然后针对原因，确定具体解决方案。对少数病态明显、具有异食癖的鸡应及早淘汰。

对症治疗：

① 用硫酸亚铁和维生素 B_2 治疗啄羽有显著效果。体重 500g 以上的鸡，每只每次服硫酸亚铁片 0.9g、维生素 B_2 2.5mg，每天 2～3 次，连服 3～4d。

② 在鸡的日粮中加入 1% 硫酸钠，或 1%～2% 石膏粉（市售的天然石膏），直至啄癖消失，或给患鸡内服石膏粉 0.5～3.0g/只，每天一次，连服数日。

③ 15 日龄左右的雏鸡，按每只每次给土霉素 25mg、干酵母 150mg、麦芽粉 100mg 的剂量拌入日粮中喂予，每天 3 次，连用 6d。

④ 给被啄的伤口涂上与毛色接近且有异味的消毒药液或杀菌药膏，如樟脑油、碘酊、紫药水和鱼石脂软膏等。待伤口痊愈、没有渗出液时，再送回原群饲养。

⑤ 在日粮中加入 3% 的羽毛粉或 0.2% 的蛋氨酸，直至啄癖消失为止。

对顽固病群的措施：经治疗无效的顽固病群，可改为地面放养一个时期，并在场内设沙浴坑、稻草捆或悬挂野草、青菜等，设法诱鸡多活动，以分散鸡的注意力，使其恢复正常的生理机能。

在饲料中加入 1.5%～2.0% 石膏粉，治疗原因不清之啄羽症。

为改变已形成的恶癖，可在笼内临时放入有颜色的乒乓球或在舍内系上芭蕉叶等物质，使鸡啄之无味或让其分散注意力，从而使鸡逐渐改变已形成的恶癖。

3. 适时出栏

鸡达到成年体重后，进食只为了维持日常消耗，不再增加体重。另外，影响鸡场经济效益的最主要因素是饲料价格和肉鸡市场价格。出栏时间的制定应考虑肉鸡增长速度、饲料价格和肉鸡市场价格。

出栏装鸡注意事项：抓鸡前停料，时间夏季在早晚、冬季在中午，抓鸡环境要暗，要抓腿部，鸡笼不能装得太密、装车安全，防止压伤、压死，鸡笼间要通风。

4. 鸡粪发酵

通过堆肥发酵后的鸡粪，是葡萄、西瓜和蔬菜等的好肥料。选择在通风好、地势高，最好远离居住区及鸡舍 500m 以上的下风向处，将清理出的带垫料鸡粪堆积成堆，外面用泥浆封闭进行发酵。发酵时间一般夏季 10d 左右、冬季 2 个月左右。

5. 做好免疫接种

优质鸡虽然抗病力强，但在规模化养殖条件下，有很多传染性疾病，不免疫接种是绝对不安全的。放养鸡在育成期的主要传染病是马立克病、新城疫、法氏囊病和鸡痘等，应重视疫苗的注射。

（1）制定合理的免疫程序 主要是根据品种特点、日龄大小、母源抗体水平、疫苗类型及本场疫病的发生情况而定。

（2）严格执行卫生防疫制度

① 场外大门口应设一个消毒池。

② 非工作人员谢绝进入，进入时应经消毒室消毒方可进入。

③ 实行全进全出制。

（3）免疫注意事项

① 免疫的时机。在接种前，应对鸡群进行详细了解和检查，注意营养和健康状况。只要鸡群健康、饲养管理和卫生环境良好，就可保证接种安全并产生较强的免疫力。相反，饲养管理条件不好，鸡群不健康，就可能出现明显的接种反应，甚至发病，鸡群免疫力差。为了减少应激，一般在晚上待鸡安静时进行免疫。

② 器械的消毒。免疫用具经煮沸消毒后使用。

③ 免疫剂量。依照防疫程序严格执行，剂量计算要准确。

④ 免疫的途径。依照防疫程序严格执行，有点眼、滴口、注射（分皮下和胸部肌内注射）、刺痘（刺翅）。具体操作由技术人员现场指导。

⑤ 减少应激。为减少接种疫苗产生应激，可在早上开始喂多维，当天晚上进行防疫接种。

六、优质鸡蛋生产

目前，优质鸡蛋市场较好。放养的蛋用鸡，每年可产蛋80～120枚，可利用优质鸡来生产优质鸡蛋，提高养殖效益。放牧饲养120d后将公鸡淘汰，上市销售。母鸡继续饲养至150～180d，开始产蛋。生产模式：1月进雏（冬季育雏），3月放养（春季育成），6月产蛋（牧草旺盛），来年1月淘汰。牧草茂盛时产蛋，节日时作为老母鸡淘汰。

1. 开产前的准备工作

加强补饲，达到标准体重；备好产蛋箱；4只鸡备1个产蛋箱，换日粮，增加光照时间，产蛋鸡每天必须达到16h的光照；开产前1周每周增加1h光照时间，1周后更换为产蛋日粮。见第一枚蛋时，可补贝壳粉或石粉，供鸡自由采食。

2. 产蛋期的饲养管理

（1）加强饲喂，特别是产蛋高峰期

（2）淘汰低产、停产鸡　在蛋鸡饲养管理中，产蛋率的高低直接影响养鸡的经济效益。及时掌握个体蛋鸡的生产性能，适时淘汰低产、停产鸡，不但可以节约饲料，而且可以早收回成本，一举两得。

体貌特征识辨：高产鸡外形发育良好，体质健壮，头宽深而短，喙短粗微弯曲，结实有力。低产鸡一般头部窄而长似乌鸦头，喙细长，眼睛凹下，身体狭窄，腹部紧缩。

外部器官识辨：高产鸡冠和肉垂丰满、鲜红，有温暖感，肛门大而扁、湿润。低产鸡或停产鸡冠萎缩、颜色苍白、无温暖感，肛门小而圆、干燥。

手指估测识辨：高产鸡腹大柔软，皮肤松弛，耻骨与胸部龙骨末端之间可容下一掌；耻骨间距大，可容3～4指。低产鸡或停产鸡腹部紧缩，小而硬，龙骨末端与耻骨距离可容下2～3指；耻骨间距小，一般容1～2指。

色素变化识辨：高产鸡色素消失快，根据颜色消失的部位可大致判断鸡产蛋情况。若鸡已进入产蛋中后期，肛门、喙、腿均保持黄色，可认为是低产鸡。

（3）就巢母鸡的及时催醒

① 物理方法：隔离到通风明亮处，给予物理干扰（冷水泡脚、单脚吊起、鼻孔穿鸡毛）。

② 化学方法：采用1%的硫酸铜（皮下注射1mL/只），丙酸睾丸素（肌内注射，12.5mg/kg体重），复方阿司匹林（1～2片，用3d，退热）。

③ 育种方法：选择抱性差的留种。

想一想

优质鸡放养关键技术有哪些？

做一做

参观当地生态鸡放养模式。

第九章
现代科学养淡水鱼技术

第一节 淡水鱼类的类型及品种

　　随着社会的进步和人民生活水平的日益提高，淡水鱼类作为一种优质蛋白源正越来越多地出现在人们的餐桌上。

　　我国拥有淡水鱼类1400多种，其中50余种养殖产量高，具有重要的经济价值。淡水养殖鱼类的分类方式众多，按照鱼类生活的水层可分为上层鱼类（栖息水层为水体上层，如鲢鱼、鳙鱼）、中下层鱼类（栖息水层为水体中下层，如草鱼、鳊鱼）和底层鱼类（栖息水层为水体底层，如鳜鱼、鲤鱼、鲫鱼）。按照鱼类养殖的适宜水温可分为冷水性鱼类（适宜养殖水温为10～18℃，如虹鳟、狗鱼）、温水性鱼类（适宜养殖水温为15～30℃，如鲤鱼、草鱼）和热水性鱼类（适宜养殖水温为25～35℃，如罗非鱼、淡水白鲳）。按照鱼类食性可分为滤食性鱼类、草食性鱼类、杂食性鱼类、肉食性鱼类。以下根据鱼类的食性划分，简要介绍几种常见的淡水养殖鱼类。

一、滤食性鱼类

滤食性鱼类又称肥水鱼，靠鳃耙滤食水中的浮游生物和有机碎屑为食。常见种类有鲢鱼与鳙鱼。

1. 鲢

鲢鱼（图 9-1），又称白鲢、水鲢、跳鲢，属于鲤形目、鲤科、鲢属，是著名的四大家鱼之一。其体侧扁而稍高，腹部狭窄，腹棱自胸鳍直达肛门，头

图 9-1　鲢鱼

大，约为体长的 1/4，吻短而钝圆，口宽，鳃耙较密，以浮游植物为主食。鲢鱼栖息于水体上层，性活泼，善跳跃，是常见的套养鱼类之一。

2. 鳙

鳙鱼（图 9-2），又称花鲢、麻鲢、胖头鱼，属于鲤形目、鲤科、鲢属，是著名的四大家鱼之一。其体长而侧扁，体背侧灰

图 9-2　鳙鱼

黑，具不规则黑色小点，腹棱自胸鳍基部至肛门前，头大而圆，眼位于头侧中轴下方，下颌稍突出，鳃耙狭长而细密（相对同规格鲢鱼较疏），以浮游动物为主食，兼食浮游植物。鳙鱼能适应各种水体的养殖，捕捞也比鲢方便，是各种天然水面的主要放养对象。鳙鱼头大而肥、肉质雪

白细嫩，深受人们喜爱。

二、草食性鱼类

草食性鱼类自然条件下以摄食水生高等植物为主，也摄食附着藻类和被淹没的陆生嫩草及瓜果菜叶等。

1. 草鱼

草鱼（图9-3），又称皖鱼，属于鲤形目、鲤科、草鱼属，是著名的四大家鱼之一，其体呈长筒形，吻略钝，具两行下咽

图9-3 草鱼

齿。体呈茶黄色，腹部灰白色，体侧鳞片边缘灰黑色。一般喜居于水体的中下层，性活泼，游泳迅速，常成群觅食。

2. 鳊鱼

鳊鱼（图9-4），又名长身鳊、鳊花、油鳊，属鲤形目、鲤科、鳊属。在我国，鳊鱼也为三角鲂、团头鲂（武昌鱼）的统称。鳊鱼体高，侧扁，全

图9-4 鳊鱼

身呈菱形，体背部青灰色，两侧银灰色，腹部银白，头较小，呈三角形，头后背部急剧隆起。鳊鱼主要分布于长江中下游附属中型湖泊，生长迅速，适应能力强，因其肉质嫩滑，味道鲜美，已成为中国主要淡水养殖鱼类之一。

三、杂食性鱼类

杂食性鱼类在自然条件下食谱广而杂，动植物乃至腐殖质均会摄食。

1. 罗非鱼

罗非鱼（图 9-5），也称非洲鲫鱼、福寿鱼，原产于非洲，为热水性鱼类，属于鲈形目、丽鱼科、罗非鱼属。罗非

图 9-5　罗非鱼

鱼体侧高，背鳍具 10 余条鳍棘，尾鳍平截或圆，体侧及尾鳍上具多条网裂斑纹。不耐低温，在水温 10℃左右就会被冻死，养殖地区主要集中在广东、广西和海南等水温较高的地区。罗非鱼肉质鲜美，无肌间刺，蛋白质含量高，素有"白肉三文鱼""21 世纪之鱼"之称，近年已成为养殖、加工、出口的重要鱼产品之一。

2. 鲤鱼

鲤鱼（图 9-6），别名鲤拐子、鲤子、红鱼，属于鲤形目、鲤科、鲤属。鲤鱼鳞大，上颚两侧各有二须。其适应性强，耐寒、耐碱、耐缺氧，是淡

图 9-6　鲤鱼

水鱼类中分布最广、养殖历史最悠久的鱼类之一。

四、肉食性鱼类

肉食性鱼类是指以动物为主要饵料的鱼类，按摄食对象可分为两类，一是温和肉食性鱼类，亦称"初级肉食性鱼类"，主要以水中无脊椎动物（螺、蚌等）为食；二是凶猛肉食性鱼类，亦称"次级肉食性鱼类"，主要以水中脊椎动物（主要为鱼）为食，人工养殖的肉食性鱼类多属后一类。

1. 鲈鱼

淡水鲈鱼（图 9-7）多指大口黑鲈，又名加州鲈，属鲈形目、太阳鱼科、黑鲈属，原产于

图 9-7 鲈鱼

北美地区。大口黑鲈成年个体体长可达 25～35cm，身体呈纺锤形，侧扁，背肉稍厚，口裂大，具锐利颌齿。身体背部为青灰色，腹部灰白色。从吻端至尾鳍基部有排列成带状的黑斑。鳃盖上有 3 条呈放射状的黑斑。大口黑鲈是一种优质淡水鱼类，具有适应性强、生长快、易起捕、养殖周期短等优点，加之肉质鲜美细嫩，无肌间刺，外形美观，深受养殖者和消费者欢迎。

2. 鳜鱼

鳜鱼（图 9-8），俗称桂鱼、季花鱼、鳌花鱼，属鲈形目、鮨科、鳜属，在中国除青藏高原外，分

图 9-8 鳜鱼

布于各大水系。鳜鱼养殖种类绝大部分为翘嘴鳜。鳜鱼体高，侧扁，头体被小圆鳞，体背侧棕黄色，腹部白色，自然条件下终生以活鱼虾为食，有"水老虎"之称。鳜鱼肉质细嫩，味鲜美，刺少肉多，营养丰富，历来为人们所青睐，早在唐代就有诗人张志和盛赞鳜鱼的诗句"桃花流水鳜鱼肥"。鳜鱼也深受现代消费者欢迎，是上等淡水食用鱼类之一。同时，鳜鱼肉性平、味甘，有补气血、益脾胃之功效。因此，鳜鱼具有重要的经济价值。但传统鳜鱼的人工养殖受饵料鱼、疾病等因素的限制较大。近年来鳜鱼的人工驯化养殖技术与相关病害防治技术逐渐成熟，将助推鳜鱼养殖业的发展。

想一想

1. 我国的养殖鱼类品种还可以按哪些标准分类？

2. 不同食性的鱼类有哪些区别？

做一做

参观当地的养殖场，调查了解当地的养殖鱼类品种有哪些，并观察了解不同的养殖鱼类在体型外貌、生产性能、经济效益等方面有何差异。

第二节 淡水鱼类的营养需要与饲料配方技术

一、淡水鱼类的营养特点

1. 对能量的利用率高

鱼类体温随环境温度的变化而变化，不需要消耗能量维持体温。鱼类在水中运动消耗能量相对较少。代谢废物主要是无机物形式的氨，排出废物带走的能量少。

2. 对饲料的消化率低

鱼类的消化器官较陆生动物来说较为简单，消化腺不发达，各种酶因体温低活性不高，肠道中细菌种类和数量均较少。这就给饲料的配合和加工提出了更高的要求。

3. 对蛋白质需求量高，要求必需氨基酸种类多

鱼类对饲料中蛋白质的需求量比畜禽高 2～4 倍。鱼类的必需氨基酸有 10 种，而畜禽是 8 种。且鱼类对蛋白质、氨基酸的需求量与食性、生长阶段、养殖环境等相关，目前大多数鱼类缺乏一个完整的需求量参照标准。

4. 对饲料中无机盐的需求量较少，对饲料中维生素的需求量大

鱼类可通过水环境获得一部分无机盐，故对无机盐需求量少，但鱼类对维生素合成转化能力差，且饲料在水中维生素溶失量大，故鱼类对饲料中维生素需求量大。

5. 对营养素的需求受环境因素影响大

鱼类对营养素的需求受水温、pH、溶氧等多种环境因素影响，这也是鱼类营养需求标准难以建立的原因之一。

6. 要求原料粒度小、饲料水稳定性高、饲料颗粒小，摄食情况相对不易观察

鱼类生活在水体中，饲料在被摄食前需经过水体浸泡，但不能浸泡后立即溶于水体；同时鱼类的消化功能相对较弱，且基本不具备咀嚼能力，直接吞食饲料，这就要求饲料原料粒度要小，方便消化。同时鱼类在水体中摄食，相对陆生动物来说，摄食情况不容易观察。

二、淡水鱼类的营养需要

鱼类的营养需要应包括维持的需要、生长增重和繁衍的需要。不同鱼类在不同生长阶段，其营养需要不同，而且和水质、气候等环境因子有关。鱼类需要的营养素很广泛，主要有蛋白质、碳水化合物、脂肪、维生素和矿物质等。

1. 对蛋白质的需要

鱼体的一切细胞、组织主要是由蛋白质构成的，蛋白质是和鱼类生长有关的最重要的营养素。淡水鱼类对蛋白质的需要量与食性密切相关，一般肉食性鱼类的需要量为30％～55％，杂食性鱼类的需要量为30％～40％，草食性鱼类的需要量为22％～30％。

2. 对碳水化合物的需要

鱼类消化道内几乎无纤维素酶，淀粉酶活性也较低，同时鱼类胰岛素分泌也较少，导致鱼类对碳水化合物的利用率低于畜禽。但少量碳水化合物对部分鱼类来说是必需的。碳水化合物是鱼类体组织细胞的组成部分（核糖、透明质酸），可提供能量（葡萄糖）合成体脂肪和非必需氨基酸，节约饲料蛋白质、降低生产成本和环境污染。同时，饲料中添加糖类能改善其黏合性和外观性能。但部分鱼类，尤其是肉食性鱼类对碳水化合物的利用能力极差，饲料中的碳水化合物含量过高会导致其肝脏、肠道损伤，严重时会导致死亡。

3. 对脂肪的需求

鱼类对脂肪有较高的消化率，尤其是对低熔点脂肪，其消化率一般在90％以上。由于鱼类对碳水化合物利用率低，脂肪成为鱼类重要而经济的能量来源。其添加量一般为5％～6％，最高可达10％以上。同时许多脂肪酸鱼类自身不能合成，必须由饲料供给，否则会影响生长，甚至出现严重的缺乏症。淡水鱼类的必需脂肪酸包括亚麻酸、亚油酸、二十碳五烯酸与二十二碳六烯酸。

4. 对维生素的需要

维生素是指维持动物机体正常生长、发育和繁殖所必需的微量小分子有机化合物。需要量很少，一般不参与机体构成，不是能源物质，但广泛参与体内代谢，缺乏时产生缺乏症，补足后改善症状，过量会产生中毒症状。鱼类由于肠道菌群不能合成维生素 C，相对陆生动物来说，对维生素 C 的需求量较高。同时鱼类摄食高蛋白饲料，决定了鱼类需要较高的与氨基酸代谢有关的 B 族维生素。鱼类饲料中缺乏维生素时，鱼体生长减慢、食欲不振、皮肤易损伤、抗应激能力下降、易死亡，严重时出现畸形、瘦背等症状。

5. 对矿物质的需求

矿物质的生理功能是多方面的，如钙对骨骼形成及血液的凝固是必要的，铁、铜对造血及血色素的形成是必要的，还有钴对 B 族维生素的形成、锌对胰脏激素的形成、锰对肝脏酶的活性化、磷对碳水化合物和脂肪的代谢等具有重要的作用。此外还有钠、钾、镁、硒等元素，这些元素对生物体正常的生理作用都是必不可少的。鱼类通过表皮及鳃可以直接从水中吸收一部分矿物质，但饲料中额外添加仍是有必要的。鱼类缺乏矿物质时会出现生长不良、饲料效率低、骨骼灰分下降、贫血等症状。

三、淡水鱼类的饲料配方技术

配合饲料的种类繁多，配方设计的方法也很多，但无论哪种饲料、哪种方法，配方设计的原则都是一样的，即科学性、经济性、实用性和卫生安全性。

1. 科学性

饲料配方设计首先要考虑的是养殖对象的营养需求，种类、发育阶段、饲养目的、养殖环境等的不同均会导致养殖动物营养需求的不同。配方设计者应首先清楚相应配方要求下的营养标准。再根据饲料原料营养成分、营养价值，将多种饲料原料进行科学配比，取长补短，充分发挥各营养素的效能。饲料配方设计的科学性不仅表现在满足养殖动物的营养需求，更是表现为发挥各种原料的优势，互相弥补劣势，达到平衡。

2. 经济性

饲料企业在配制饲料时，不仅要考虑自身的经济效益，还要考虑饲料使用者的经济效益。品质好的饲料，营养成分高，但如果性价比低，养殖生产者往往不会选用。同时，在选择配方原料时，一定要考虑原料的市场供给、价格波动情况，选择性价比高的原料，最好因地制宜、就地取材，减少不必要的运输、贮藏成本等。

3. 实用性

配方设计不能脱离生产实际，按配方生产出的配合饲料必须保证养殖生产者用得起、用得上、用得好——必须是养殖对象适口、喜食的饲料，并在水中稳定性好、沉浮性合理；养殖动物吃后生长快、体质优，饲料效率高、产投比高、利润率高；原料的数量能持续满足饲料的生产，保证饲料持续稳定供应；饲料的价格合理、性价比高。

4. 卫生安全性

在设计饲料配方时，必须考虑饲料的卫生安全性问题。这里的卫生安全性不仅是养殖动物的安全性，还包括养成的水产品对人体的安全性。饲料配制时，必须注意原料的品质问题，禁喂发霉、酸败、污染的饲料，泥沙、有毒有害成分的含量等均不能超过国家规定的范围。不选用或少用易发生变质的原料。对于添加剂的使用，必须严格遵守国家的相关规定。

想一想

　　1. 淡水鱼类的营养需求与陆生养殖动物有哪些区别？

　　2. 为什么不同种类的淡水鱼类营养需求会有如此大的差异？

做一做

　　1. 到当地的饲料市场调查了解鱼类饲料的种类有哪些？鱼类饲料的主要原料有哪些？

　　2. 利用学校的电子阅览室浏览有关水产养殖的网站和水产动物营养与饲料研究的相关文献资料，进一步了解淡水鱼类的饲料配方组成和设计方法。

第三节　淡水鱼类的饲养管理技术

一、池塘的选择

　　池塘是鱼类生长的环境，池塘条件的好坏是高产、优质、高效的关键之一，选择池塘时要注意面积适中、水深适宜、水源水质好、注排水便利、池形整齐等。良好的水质对于鱼的生长十分关键，水源最好是无污染的河水或湖水，这样的水水质好、溶氧高，而且温度较适宜鱼的生长。井水虽然也可以养鱼，但新井水温度较低，而且溶氧较低，使用时要进行晒水或水流要经过长渠后再放到池塘中。有污染的水不要用来养鱼，一是鱼类不易成活，再者污水养出的鱼体内往往会有污染物的残留，不适宜食用。池塘的面积要适中，不要过大，池塘面积过大，不便于管理，受风面也大，遇大水情况易决堤漫溢。但池塘面积也不宜过小，过小的池塘溶氧相对较少，对鱼类的生长不利。池塘一般深 2m 左右为宜。另外，鱼池以东西长而南北宽的长方形为最好，池塘周围不应有高大的树木和房屋，以有利于阳光的照射和风的流动，拉网操作也方便。池底应有少量泥土，以壤土最好，黏土次之，沙土最差；池底形状以"龟背形"最好，"倾斜形"也可以，"锅底形"需改造。

二、鱼种放养

1. 放养前的准备

池塘选好后，在鱼种放养之前，要先修整池塘、清塘和培养饵料生物。在秋后把塘水排净，对池塘进行修整，经过一段时间的冻结、干燥和曝晒可以清除塘底的杂菌和敌害生物，然后挖去塘底的一些淤泥、杂草、杂物，再对池塘进行平底、固堤、通渠等处理，再在塘底撒上生石灰清塘，杀灭池中的一些敌害生物和病原细菌，生石灰的施用还能起到改善土质和水质的作用。清塘 1 周后，待药物毒性消失，可注新水（水深 70～80cm），施基肥培养浮游生物等。

2. 放养鱼苗

鱼苗下池之前的 2～3d 时，要进行放养试水鱼，通过试水鱼可以检查池中的药物毒性是否消失，还可以检查池水肥度是否适合，再者通过试水鱼可以吃掉水中的大型浮游生物，这样可以避免肥料的过度损耗。经过试水，确认池中适合鱼苗生长了，再把试水鱼捞出，然后就可以进行鱼苗放养了。鱼苗放养可以单养，也可以混养。各种家鱼在鱼苗阶段都以浮游动物为食，食性相同，为防止争食及便于生产操作，一般进行单养。放养密度一般为每亩放 10 万～15 万尾。自夏季开始鱼种食性已经分化，同一池中也出现分层生活，因此进行混养能提高单位面积产量。一般以草鱼为主的池塘，搭配 15％～20％鲢、鳙鱼种；以鲢鱼为主的池塘可搭配 10％～15％的草鱼和 5％的鳙鱼，放养密度为每亩放 1 万尾左右，以后分稀到 5000～6000 尾。

三、饲养管理

池塘养鱼要实现高产稳产，除了要进行合理的放养鱼种，另外在饲养管理方面到位与否，也直接影响池内鱼的生长。所以，要做好鱼池的日常管理，包括巡塘、投饲、水质管理、防逃、防病等方面。

1. 巡塘

池塘养鱼一时也不能大意，要密切关注鱼塘的水面变化及鱼群的生长情况，要每天分早、中、晚进行 3 次巡塘，日间主要是结合投喂和施肥，观察鱼的活动及觅食情况，傍晚时要注意观察鱼有无浮头的先兆，半夜至黎明时观察鱼有无浮头现象及其轻重，并测量水温情况。巡塘主要是看水、看鱼、看天。水要保持有机物多、水中浮游生物数量多，水色要经常变化、透明度要高，溶氧量高，一般池水呈草绿色为佳，呈暗绿色说明水瘦了，呈棕褐色说明池水变质，要进行换水了。看鱼主要是看浮头情况，黎明时浮头，日出后即下沉，人到池边鱼下沉，为轻度浮头；若过早浮头，人到池边鱼不下沉，或用石子投入水中鱼下沉后很快上浮，为重度浮头。若浮头严重，应立刻增氧。根据季节、天气施肥，入夏勤施、盛暑稳施、秋凉重施、晴天多施、阴雨天少施、雷雨前不施。

2. 投饲技术

由于各地的自然情况及各个池塘的具体情况也不尽相同，所以投饲这个环节也不是一成不变的，要视具体情况分别对待。投饲量要根据全池的数据指标来有计划地实施，科学投喂，切不要盲投瞎喂，不仅浪费，而且效果不佳。投饲技术关键要坚持"四定"原则，即定质、定量、定时、定位。但"四定"也不是铁定的规则，要根据季节、温度、生长情况及水质变化来定，总之要保证鱼的正常生长，以吃饱、吃好，又不浪费为原则，既要保持营养全面均衡，又要保证饲料新鲜、不变质、不含有毒成分，适口性良好。

3. 水质管理

鱼池中的水质是鱼类生长的必要条件，所以水质的好坏直接影响鱼类的产量，如果饵料投得多，水质就会加速恶化，影响鱼的生长，如果饵料不足，水质虽然得到保证，但由于鱼类缺乏营养，也不会快速生长，所以这是一对矛盾。整个养殖管理的过程，就是在解决这对矛盾中进行的。实践证明，保持水质"肥、活、爽"，不仅给予滤食性鱼类丰富的饵料生物，而且还给予鱼类良好的生活环境，为投饵施肥达到"匀、好、足"创造有利条件。保持投饵"匀、好、足"，不仅使滤食性鱼类在密养条件下最大限度地生长，不易生病，而且使池塘生产力不断提高，为水质保持"肥、活、爽"打下良好的物质基础。在养殖过程中要时刻注意水质的变化，定期进行水质测定，发现相关指标不达标时需及时采取相应的措施干预。

4. 鱼病防治

鱼病也是影响鱼类生长及产量的重要因素，所以池塘养鱼一定要做好巡塘，密切观察鱼类的生长情况，及时发现病情，及时防治，做到早发现、早诊断、早治疗，把病害消灭在萌芽之中，可以通过改善池塘生态环境提高水质、选对抗病鱼种、加强饵料的饲喂提高鱼群的抗病能力，也可以通过消灭病原体来阻止鱼病的发生，确保鱼类的健康生长。

想一想

1. 要做好鱼类的养殖工作，需要注意哪些方面？

2. 鱼类的养殖管理与陆生养殖动物有哪些相同和不同的地方？

做一做

1. 参观附近的鱼类养殖场，了解养殖者们平时是如何进行养殖管理的。

2. 利用互联网查找不同鱼类的塘边价与售价情况，了解不同养殖鱼类的养殖风险与养殖效益。

第十章

现代种养循环农业生产模式

第一节　现代种养循环农业概述

现代种养循环农业是指以生态规律为基础，以资源高效循环利用和生态环境保护为核心，是一种在不增加农业生产终端废弃物排放量和不破坏环境的前提下，遵循减量化、再利用、资源化的原则，将传统的"资源—产品—废弃物"线性农业发展模式转变为"资源—产品—再生资源—产品"可持续发展的闭合回路农业发展模式。

现代种养循环农业具有以下特点：

一、资源利用循环性

资源利用循环性是现代种养循环农业的基本特征。随着我国经济发展进入新常态，资源的循环利用是实现我国农业可持续发展的重要手段。这要求对农业的发展做好科学规划，优化农业结构，在提高农业生产力和经济效益的同时减少农业生产中的资源消耗和废弃物排放。大力发展资源循环再利用技术，将农业生产中的副产品通过现代科技处理后变废为宝，提高资源综合利用率。例如，在盛产水果的地区开设水果加工厂，将一些品相不好但不影响食用的水果加工成果脯等制品，另外将生产中的废弃物加入益生菌，采用固态发酵技术，将废弃物制成饲料，助力养殖业的发展，对养殖业产生的废弃物进行发酵处理，制成有机肥料，增加土地肥力减少化肥施用。因此发展现代种养循环农业要注重技术创新，采用立体种养、生物开发、土地用养结合等清洁化农业生产技术，开展资源节约与综合利用先进适用技术的研发与应用，提高资源综合利用率，促进生态环境保护和资源循环利用。

二、建设模式多样性

发展循环农业需要不同部门之间相互合作，不同部门之间的物流、信息流复杂且庞大，这就导致了种养循环农业模式的多样性。同时我国幅员辽阔，不同地区的农业资源与经济发展水平存在差异，建设的模式就会不同；差异越大，各地的发展模式区别就越明显，可复制性就越低，各地方政府对种养循环农业发展的支持政策不同以及各地发展的种养循环农业的产业规模存在差异，进一步增加了建设模式的多样性与不可复制性。因此各地区发展种养循环农业，可以借鉴其他地区已有的建设模式，同时根据自身的条件，因地制宜探索适合本地区的建设模式。

三、生产经营高效性

现代种养循环农业通过先进的农业技术应用以及资源的合理配置，优化管理方式，提高了经济效益。现代种养循环农业强调资源节约，对于种养业中产生的废弃物进行资源化处理，减少资源浪费。废弃物资源化处理后，重新进入循环农业系统，实现资源的再利用，废弃物可转化为饲料、肥料等，减少了种养殖户对于购买性资源的投入，降低了生产成本；同时，现代种养循环农业生产出的产品多为无公害、绿色、有机农产品，具有较高的附加值，提高了农产品的经济效益；现代种养循环农业能够促进科技的发展，进一步挖掘农副产品的潜在价值，提高生产效益。因此，发展现代种养循环农业，必须注重其生态循环效应，挖掘其内在附加值，保持高效可持续发展。

想一想

1. 发展种养循环农业的目的是什么？
2. 现代种养循环农业与传统农业有哪些区别？
3. 概括中国循环农业发展三个阶段的主要特征。
4. 我国古代有哪些农业模式是种养循环农业？

做一做

1. 通过互联网找找国内外有哪些政策支持种养循环农业的发展。

2. 通过互联网，找找农业废弃物可以转化为哪些资源进行再利用。

第二节 发展现代循环农业的必要性

现代种养循环农业生产模式和我国古代的桑基鱼塘类似，可解决农业生产中各类种养业废弃物乱扔乱排放问题，推动农业生产过程减量化、再利用、资源化，提高农业资源循环利用效率，遏制和减少农业面源污染，促进农业可持续发展，建设美丽乡村。发展现代种养循环农业具有诸多优势。

一、转变农业发展方式

我国农业农村经济发展迅速。粮食生产实现"十二连增"，连续三年稳定在12000亿斤以上，其他重要农产品也是丰收丰产、供应充足，丰富了广大中国人民的菜篮子，促进了中国经济的发展，维护了社会稳定。但是，我国的目前的农业处于"资源—产品—废弃物"的线性经济模式，生产过程中出现的副产品却不能得到充分利用，造成了极大的浪费，同时废弃物向外排放对环境造成了极大的破坏，对于美丽乡村的建设是不利的。面对这种情况，必须改变农业发展方式，以资源环境承载力为基准，进一步优化种植业、养殖业结构，开展规模化种养加一体化建设，逐步搭建农业内部循环链条，发展种养结合循环农业，促进农业资源环境的合理开发与有效保护，由过去主要拼资源拼消耗，转到资源节约、环境友好的可持续发展道路上来。

二、促进农业循环经济发展

　　种养业生产过程中产生的副产品及废弃物种类繁多、数量庞大，直接废弃既造成了资源浪费，又产生了环境污染。农产品加工过程中产生的废弃物是能量和物质的载体，可以作为肥料、饲料、燃料以及其他工业化利用的原料。对农业生产中所产生的废弃物进行分类处理，如采用新技术将农业废弃物制成生物燃料；制作肥料减少化肥的使用，减少土壤板结；添加益生菌发酵后其营养价值大大提高，可作为饲料；农作物秸秆具有易降解的特性，可作为制作可降解包装的原材料。我国秸秆年产生量超过9亿吨，畜禽养殖年产生粪污38亿吨，资源利用潜力巨大。发展种养结合循环农业，按照"减量化、再利用、资源化"的循环经济理念，推动农业生产由"资源—产品—废弃物"的线性经济，向"资源—产品—再生资源—产品"的循环经济转变，可有效提升农业资源利用效率，促进农业循环经济发展。

三、提高我国农业竞争力

　　随着全球经济一体化的发展，对外开放在给我国带来诸多贸易机遇和红利的同时，也在循环农业和生态保护方面带来了考验和挑战。若遵循以前那种"资源—产品—废弃物"的线性经济，我国的农产品的竞争力就比不过欧美那些循环农业生产出的农产品，长此以往不利于中国农业的现代化发展。种养循环农业是对农业生产结构的优化，合理布局养殖场，建立相关的配套设施，建立"资源—产品—再生资源—产品"现代化农业结构，进一步提升农业全产业链附加值，提高农业综合竞争力。

四、维护农业生态安全

中国的耕地面积排世界第三，但人均耕地不足世界人均耕地的一半。种植业生产中，为了追求更高的产量，农田施肥方式由过去的农家肥土粪变成了现在的化肥。长期并过量使用化肥，忽视有机肥，会造成土壤结构变差、土地板结、地力下降，最后导致农作物品质下降。同时畜禽养殖业中产生的粪尿却不能被很好地利用。以三峡库区为例，年产畜禽粪尿总量超过 7500 万吨，若按 10％排入环境，其 COD（化学需氧量）污染负荷就超过了 2002 年重庆全市生活和工业排放废水产生的 COD 污染负荷之和。若将这些排入环境中的粪尿用于生产有机肥料，可减少15000~22500 吨的化肥使用量，既减少了污染物的排放又改善了农业资源利用方式，促进种养业废弃物变废为宝，是减少农业面源污染、改善农村人居环境、建设美丽乡村的关键举措。

想一想

为什么国家提倡发展现代种养循环农业？

做一做

通过互联网查找国家和政府出台了哪些政策扶持现代种养循环农业的发展。

第三节　现代种养循环农业的发展模式

发展循环农业应当因地制宜，我国地域辽阔，各地风土人情各不相同，纵观农业产业的发展基础、资源特色和优势条件也不尽相同，同时农业是一个多样化的产业，具有多样化的发展模式。因此，不同地区应当根据自身产业发展目标和产业的空间分布寻找符合当地的农业发展模式，发展区域特色循环农业经济，做大做强特色品牌，提高市场竞争力。我们从产业的发展目标和空间分布情况出发，探讨我国的种养循环农业发展模式。

一、基于产业发展目标的发展模式

1. 农产品质量提升型

农产品质量提升型循环农业模式，包括两种类型：一种是以生态农业建设为基础，以开发无公害农产品与绿色食品为目的的渐进式循环农业发展模式；另一种是以有机农业建设为基础，以开发有机食品为目的的跨越式循环经济发展模式。这种循环农业模式可以实现从生产输入到输出

205

的源头预防和全过程治理，有效保证农产品安全，同时能够结合第三产业，开发农业观光园，与旅游业形成良性互动。

重庆鹿山农业观光园位于重庆市渝北区，始建于1996年，是集科研、生产、旅游于一体，具有示范功能、辐射功能、带动功能的观光农业区。其采取了稻—鱼—菜种养模式和麦—玉（米）—菜种植模式，减少了化肥的使用，提高了农产品质量；同时设立了花卉栽培区、畜渔养殖区和生活服务区等完善的配套设施，将农业与旅游业结合提高了当地居民的收入。

2. 废弃物资源利用型

废弃物资源利用型循环农业模式，是将农业废弃物作为一个重要的组成部分引入整个农业生态链的循环路径中，通过加工处理使之资源化，并重新投入农业生产中加以利用，延伸产业链，建立"种、养、副"各产业协同发展的闭路循环体系。主要包括农作物秸秆资源化利用和畜禽粪便能源化利用两种途径，最终实现获取能量、制作肥料、生产饲料、生产工业及医药原料等目的。

某农业集团在循环经济产业链的指导下，在农业生产基地建立了农业废弃物资源化利用体系。其遵循"废弃物—原料—废弃物—原料"的循环模式，将企业上游部门回收的农作物秸秆废弃物和公司内部果蔬生产基地产生的果蔬废弃物资源化处理，生产食用菌的菌棒和动物饲料。将菌棒废渣和动物粪尿通过沼气技术生产清洁能源甲烷气体，为种养产业以及居民提供能源；同时根据不同菌种对培养基的要求不同，对菌棒进行多次利用；最后将废弃的菌棒生产有机肥，用于果蔬基地的肥料，果蔬基地的废弃物再生产菌棒，形成了一个闭路循环体系。

3. 生态环境改善型

生态环境改善型循环农业模式，注重于农业生产环境的改善和农田生物多样性的保护，其主要为保证农业的可持续稳定发展，并对生态环境起到一定修复作用。这类循环农业模式，根据生态脆弱区的环境特点，优化农业生态系统内部结构及产业结构，运用工程、生物、农业技术等措施进行综合开发，从而建成高效的农—林—牧—渔复合生态系统，实现物质能量的良性循环。位于安徽省西北部的临泉县原本以养殖黄牛为主，是养殖大县，但是养牛业的发展导致的环境问题日益严重，养殖废弃物排放增多带来严重的环境污染，农村环境"脏、乱、差"，同时该地区的自然资源匮乏、能源短缺，需要新能源解决百姓的生活需求。因此当地政府根据当地社会、环境和经济特点，建立了"林—草—牧—沼—菌"农业循环经济模式。其主要流程为栽植速生杨，林间套种优质牧草饲养育肥黄牛，建立适合家庭使用的沼气池，牧草收割后在杨树行间建大棚种植食用菌。该模式提高了农业资源的生产率和农业综合生产力，提高了经济效益、降低了资源消耗、减少了养殖业废弃物排放，有助于建立环境友好型社会，实现人与自然的和谐。

二、基于产业空间布局的循环农业模式

1. 微观层面模式

微观层面的循环农业模式多以龙头企业、专业大户为

对象，通过科技创新和技术带动引导企业和农户发展循环农业生产，以提高资源利用效率和减少污染物排放，形成产加销一体化的经营链条。

2. 中观层面模式

中观层面的循环农业模式多以循环农业产业园（区）为重点，以企业之间、产业之间的循环链建设为主要途径，以实现资源在不同企业和不同产业之间的最充分利用为主要目的，建立以二次资源的再利用和再循环为重要组成部分的农业循环经济机制。

3. 宏观层面模式

宏观层面的循环农业模式多以区域为整体单元，理顺循环农业再发展过程中由种植业、养殖业、农产品加工业、农村服务业等相关产业链条间的耦合关系，通过合理的生态设计及农业产业优化升级，构建区域循环农业闭合圈，形成全体人民共同参与的循环农业经济体系。

想一想

1. 为什么种养循环农业的发展模式具有多样性？

2. 种养循环农业中的废弃物可以加工成为哪些具有价值的再生资源？

做一做

　　寻找重庆市的种养循环农业产业，并将它们进行分类。

第四节 种养循环农业发展现状及展望

　　经过这些年的发展，我国的种养循环农业获得了一定的规模，但是离建成高效的种养结合循环农业仍然有一定差距，因此需要针对发展过程中存在的问题提出相应的解决方案，这样我们的种养结合循环农业的发展才能更高效。

一、发展过程中存在的问题

1. 投入力度不足制约种养循环农业发展

　　种养循环农业的前期建设需要投入大量资金，资金短缺是制约种养循环农业发展的重要因素。同时，种养循环农业技术的研发具有极强的外部依赖性。种养循环农业技术的开发和应用不仅有经济效益，还会产生生态效益和社会效益，但种养循环农业技术的这种外部性却很难内化为科研机构、企业和厂商的直接收益，因而科研机构和工商企业从事种养循环农业技术研究开发和推广应用的动力不足。

2. 农业生产规模过小制约种养循环农业发展

适度规模经营是农业经济发展的必然趋势，但是我国的实际国情却是人口多、耕地少，人地矛盾非常突出，乡村劳动力平均耕地约为 4 亩（1 亩 = 667m²，下同），户均耕地 8 亩左右，且不同地区分布极不均匀。这种超小规模的农业经营方式不仅浪费成本、降低土地和劳动产出率，而且是抑制农民对种养循环农业技术需求的一个重要因素。因为分散化小规模的农户对采纳循环农业技术所能带来的微薄经济效益不敏感，也由于经营规模过小，使用循环农业技术带来的收益很小而难以激励农民有内在的动力去使用这些循环农业技术。

3. 农户的经济偏好制约循环农业发展

农户的经济偏好也是影响其接受循环农业技术的一个重要因素。农户在经营目标的影响下，在经营农业生产中会不自觉地做出不符合循环农业规范的农业行为。循环农业是一个农业体系，而农户作为生产者需要考虑其经济效益，比如，养殖场中动物产生的粪尿等废弃物要花费农户的时间、精力和金钱去处理，这不符合生产经营者的最初目的，因此农户可能采取就地掩埋的处理方法，所以一般农户会因为经济利益而不愿采用费钱或费工的循环农业技术。

4. 种养循环农业技术推广存在障碍

循环农业技术具有一定的公共品性质，这就使得一定的公益性循环农业技术必须通过政府技术推广机构进行。但是循环农业设计内容较广，且面对的是分散的农户，这给推广工作造成了极大的阻力；同时，农业技术的推广需要大量的资金、人员以及先进的推广体系，目前我国的循环农业技术仍处于初级阶段，人员、资金和经验较不完备，这也阻碍了循环农业的推广。

二、对策及建议

1. 加大投入强度和工作力度

技术的发展离不开资金的投入。目前我国发展循环农业技术的资金主要来自政府的投资，投资过于单一，因此要建立多元的投入机制，开拓集体、个体、外资的投入渠道，多渠道筹集资金。

科研机构要发挥自身优势，研发简单适用、成本低廉的循环农业技术。

2. 完善农村土地政策

发展循环农业需要适度的规模才能带来经济效益，因此合理的农地产权制度可以解决规模过小对循环农业的制约。要按照依法、自愿、有偿原则，引导土地承包经营权流转，发展多种形式的适度规模经营，促进农业生产经营模式创新，同时要加强土地承包经营权流转管理和服务，健全土地承包经营纠纷调解仲裁制度，以激励对循环农业技术的有效需求。

3. 加大宣传力度

任何一项新生事物在被接受之前，都存在由"陌生—熟悉—接受"的过程，农户对循环农业的认识过程也不例外，而良好的社会氛围是缩短这一过程、推动循环农业健康发展的重要条件。

首先通过网络、新闻媒体、报刊杂志和播放光盘等途径，开展多层次、多形式的循环农业宣传，提高农户对循环农业的认识。主要加强对发展循环农业在增收降耗、改善人居环境、建设新农村、减少疾病和提高健康水平等方面重要性的宣传力度。让循环农业的实施者从思想上深刻认识发展循环农业对农业增效、农民增收和改善生态环境的深远意义，进而转变其过去的行为方式，在实践过程中自觉加入发展循环农业的大军中来。其次，重点宣传农户中发展循环农业的典型，宣传其先进经验以及发展循环农业带来的经济效益，发挥以点带面的"示范效应"，充分调动农户积极性。

4. 提升农业技术推广能力

针对循环农业技术的特性以及农业技术推广机构存在的人员、资金以及体系不完备的问题，政府要强化农业技术推广服务能力，保障循环农业技术的公益性。健全乡镇或区域性农业技术推广、动植物疫病防控、农产品质量监管等公共服务机构，明确公益性定位，根据产业发展实际设立公共服务岗位；全面实行人员招考制度，严格上岗条件，同时对扎根乡村、服务农民、艰苦奉献的农技推广人员，要切实提高待遇水平；进一步完善农技推广工作的管理和指导，改进基层农技推广服务手段，为农民提供高效便捷、简明直观、双向互动的服务。

三、展望

随着我国的发展，国家开始关注环境问题，加大了对环境保护的力度，推行更加绿色环保的农业生产方式，寻求农业的现代化绿色发展模式。为此，国家与各大研究机构加大了对种养循环农业技术的支持与研究，虽然现阶段还有各方面的不足，但是，一项重要成果的推行并非顷刻间就能完成，相信利用科学的方法推广，种养循环农业定能拥有更好的发展。

想一想

　　1. 还有哪些途径可以提高我国种养循环农业的发展水平？

　　2. 发展种养循环农业的最终目的是什么？

做一做

　　通过网络查找现代种养循环农业需要哪些技术。

参考文献

[1] 官春云. 甘蓝型油菜产量形成的初步分析 [J]. 作物学报, 1980, 6 (1): 35-44.

[2] 朱耕如, 邓秀兰. 油菜栽培基本原理 [M]. 南京: 江苏科学技术出版社, 1981.

[3] 傅寿仲, 贺观钦, 朱耕如, 等. 油菜的形态与生理 [M]. 南京: 江苏科学技术出版社, 1983.

[4] 刘后利. 几种芸薹属油菜的起源和进化 [J]. 作物学报, 1984, 10 (1): 9-18.

[5] 官春云. 油菜品质改良和分析方法 [M]. 长沙: 湖南科学技术出版社, 1985.

[6] 刘后利. 实用油菜栽培学 [M]. 上海: 上海科学技术出版社, 1987.

[7] 中国农业科学院. 中国油菜品种志 [M]. 北京: 农业出版社, 1988.

[8] 丁秀琦. 白菜型春油菜花芽分化研究 [J]. 作物学报, 1990.

[9] 中国农业科学院油料作物研究所. 中国油菜栽培学 [M]. 北京: 农业出版社, 1990.

[10] 周汉章, 刘环, 贾海燕, 等. 饲草甜高粱高产栽培技术与利用 [J]. 农业科技通讯, 2017, (12): 4.

[11] 吴正芝. 多花黑麦草的主要栽培技术 [J]. 科学种养, 2013, (9): 46.

[12] 孙学映, 刘春英, 朱体超, 等. 黑麦草高产栽培技术研究 [J]. 南方农业学报, 2013, 44 (7): 5.

[13] 蒋宏. 紫花苜蓿优质高产栽培管理技术 [J]. 农业科技与信息, 2021.

[14] 陈勇. 白三叶特征特性及栽培技术 [J]. 现代农业科技, 2011 (9): 2.

[15] 中国营养学会. 中国居民膳食指南 [M]. 北京: 人民卫生出版社, 2016.

[16] 中国疾病预防控制中心营养与健康所. 中国食物成分表标准版 [M]. 6版. 北京: 北京大学医学出版社, 2018.

[17] 郗荣庭. 果树栽培学总论 [M]. 3版. 北京: 中国农业出版社, 2009.

[18] 冯继金. 种猪饲养技术与管理 [M]. 北京: 中国农业大学出版社, 2003.

[19] 郑世学, 等. 仔猪饲养与疾病防治 [M]. 北京: 中国农业出版社, 2008.

[20] 崔尚金, 等. 断乳仔猪饲养管理与疾病控制专题20讲 [M]. 北京: 中国农业出版社, 2009.

[21] 李观题. 现代种猪饲养与高效繁殖技术 [M]. 北京：中国农业科学技术出版社，2018.

[22] 闫益波. 生猪饲养管理与疾病防治问答 [M]. 北京：中国农业科学技术出版社，2018.

[23] 庞卫军. 高产母猪饲养技术有问必答 [M]. 北京：中国农业出版社，2017.

[24] 孙鹏，等. 犊牛饲养管理关键技术 [M]. 北京：中国农业科学技术出版社，2018.

[25] 孙国强，等. 肉牛饲养与保健 [M]. 北京：中国农业大学出版社，2004.

[26] 昝林森. 肉牛健康养殖与疾病防治 [M]. 北京：中国农业出版社，农村读物出版社，2006.

[27] 王聪. 肉牛饲养手册 [M]. 北京：中国农业大学出版社，2007.

[28] 庄益芬，等. 高产奶牛饲养管理配套技术 [M]. 北京：中国农业出版社，2005.

[29] 蔡仲友，等. 奶牛饲养管理与疫病防治指南 [M]. 郑州：中原农民出版社，2005.

[30] 孙鹏，等. 后备牛饲养管理关键技术 [M]. 北京：中国农业科学技术出版社，2019.

[31] 曲绪仙，等. 高产奶牛饲养技术 [M]. 北京：中国农业出版社，2014.

[32] 崔保维. 波尔山羊饲养手册 [M]. 广州：广东科技出版社，2004.

[33] 王建民. 波尔山羊饲养与繁育新技术 [M]. 北京：中国农业大学出版社，2000.

[34] 昝林森，等. 肉羊饲养与疾病防治 [M]. 北京：中国农业出版社，1999.

[35] 刁其玉，等. 肉羊饲养实用技术 [M]. 北京：中国农业科学技术出版社，2009.

[36] 肖金东. 肉羊饲养管理与疾病防治问答 [M]. 北京：中国农业科学技术出版社，2014.

[37] 张力，等. 家兔饲料科学配制与应用 [M]. 北京：金盾出版社，2007.

[38] 谷子林. 家兔养殖技术问答 [M]. 北京：金盾出版社，2010.

[39] de BLAS，等. 家兔营养 [M]. 北京：中国农业出版社，2015.

[40] 任克良. 家兔配合饲料生产技术 [M]. 北京：金盾出版社，2010.

[41] 陈宝江. 家兔规模化安全养殖新技术宝典 [M]. 北京：化学工业出版社，2022.

[42] 张庆德，等. 家兔高效养殖关键技术 [M]. 北京：化学工业出版社，2010.

[43] 祁永，等. 雏鸡饲养与疾病防治问答 [M]. 北京：中国农业出版社，1999.

[44] 何艳丽. 山鸡饲养手册 [M]. 北京：化学工业出版社，2017.

[45] 苏一军. 种鸡饲养及孵化关键技术 [M]. 北京：中国农业出版社，2014.

[46] 赵小玲. 优质鸡健康养殖技术 [M]. 北京：机械工业出版社，2016.

[47] 王长康. 优质鸡半放养技术 [M]. 福州：福建科学技术出版社，2003.

[48] 郑长山，等. 优质鸡蛋生产技术 [M]. 北京：中国农业科学技术出版社，2015.

[49] 朱国安. 山地安全优质鸡蛋生产技术 [M]. 贵阳：贵州科技出版社，2017.

[50] 刘华贵. 优质地方鸡 [M]. 北京：科学技术文献出版社，2004.

[51] 彭克森，等. 优质肉鸡饲养增值 20% 关键技术 [M]. 北京：中国三峡出版社，2006.